부모들이 읽는
아이들
쏙쏙 심리학

부모들이 읽는
아이들 심리학

1판 1쇄 발행 2010년 3월 10일
1판 5쇄 발행 2010년 10월 9일

지은이 | 이소라
펴낸이 | 이돈희, 김선숙
펴낸곳 | 그리고책

주소 | 서울시 마포구 서교동 461-28 삭녕빌딩 3층(우편번호121-842)
대표전화 | 02-717-5486~7
팩스 | 02-717-5427
이메일 | editor@andbooks.co.kr
홈페이지 | www.andbooks.co.kr
출판등록 | 2003.4.4 제 10-2621호

편집책임 | 이정순
편집진행 | 조미라, 명지현, 류수정, 조현주, 박선정, 이정희, 정보영, 강희진
마케팅 | 정소명
경영 전략 | 이옥화
교열 | 서진아
디자인 | 내지 : 디자인상자
         표지 : design86 박성진

값 11,000원
ⓒ 2010 그리고책
ISBN 978-89-91995-74-1, 13590

부모들이 읽는

아이들 발달 심리학

글·그림 이소라

그리고책
andbooks

PROLOGUE

생생 심리학에 이어 두 번째 책이 나왔습니다.

(이번엔 부모와 아이 이야기예요.)

부모와 아이에 관한 이야기를 다루기엔 아직 많이 이르고 부족하지만,

심리학 공부를 하면서 함께 알고픈 메시지들이 있어

이렇게 펜을 들게 되었습니다.

1권과 겹치는 내용도 있고, 대부분의 내용은 블로그에도 게재되어 있으니

주머니 사정이 여의치 않으신 분들은 블로그로 발걸음해보세요.

마지막으로 정말 바쁘신 와중에도 흔쾌히 감수를 수락해주신

가톨릭대학교 심리학과 정윤경 교수님,

이 책이 나오기까지 많은 도움을 주신

그리고책 식구들, 꾸준히 글을 쓸 수 있도록 응원해주신

블로그 이웃분들께 깊이 감사드립니다.

그리고 내 삶의 활력소 우리 가족,

역곡팸, 양교, 기르, 대학원 36기, 발달방 식구들!

모두모두 고맙고 사랑해!

contents

prologue

아이의 성격을 바꿔주는 심리학
生生 성격심리

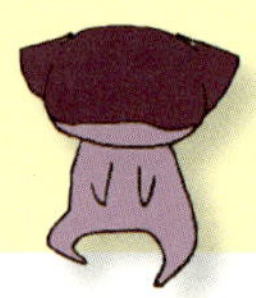

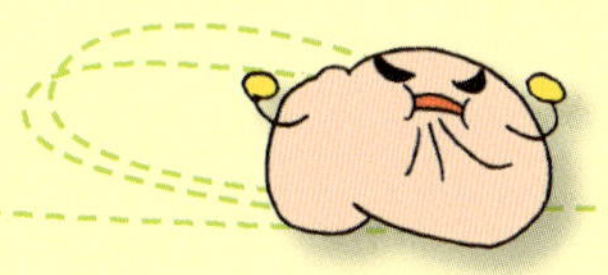

성적을 팍팍 올려준다
生生 학습심리

아이의 사회성을 확 높여준다
쏙쏙 인간관계심리

生生 심리학용어

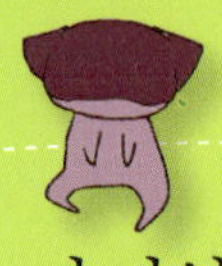

아이의 성격을 바꿔주는
生生 심리학

항상 자신감 없이 주눅 들어 있고 우유부단한 아이.

끈기 없이 무엇이든 쉽게 싫증내는 아이.

시도도 안 해보고 포기부터 하는 아이.

대체 누굴 닮아서 이러는 걸까?

아이를 탓하기 전에 거울에 비친 엄마, 아빠 먼저 돌아보자.

아이와 꼭 닮은 자신의 모습을 발견할 수 있을 것이다.

아이의 도덕성을 키우고 싶다면 지금 거울을 준비하라

'자의식'이란 자신에게 주의를 기울이고 자신을 인식할 수 있는

능력을 말합니다.

자의식이 높은 사람일수록 스스로를 가꾸고 돌아봄으로써

행동을 변화시키기 쉽죠.

아이들의 자의식은 거울을 통해 확인하고 증진시킬 수 있는데요.

Michael Lewis, Jeanne Brooks-gun

루이스와 브룩스건은 자기인식의 발달을 연구하기 위해

거울을 이용한 실험을 실시했습니다.

그들은 9~24개월 된 영아들의 코에 립스틱을 묻힌 뒤

거울을 보여주었는데요.

이때 아이가 거울에 비친 모습이 자신임을 알아채고 코에 묻은 립스틱을

지우는 것을 통해 자기인식 여부를 알 수 있습니다.

실험 결과 18개월 미만의 아이들은 대부분

거울 속 아이가 자신임을 깨닫지 못했습니다.

그러나 18개월 이상의 아이들은 거울 속 아이가 자신임을 깨닫고

자신의 코에 묻은 립스틱을 지우는 데 성공했는데요.

이러한 결과는 거울에 대한 경험이 없는 유목민의 영아들에게도

동일하게 나타났죠. 이처럼 자의식은 대개 18개월부터 나타납니다.

이러한 자의식은 거울을 통해 증가될 수 있고 나아가

아이의 행동에 영향을 줄 수 있는데요.

미국의 한 심리학자가 할로윈 데이에 실시한 실험을 통해

거울이 아이들의 행동에 어떠한 영향을 끼치는지 알 수 있습니다.

심리학자들은 할로윈 데이에 과자와 사탕을 얻으러 다니는 아이들을

대상으로 실험을 실시했습니다.

그들은 아이들을 위해 집 현관 앞 탁자 위에 과자바구니를 놓고

과자를 얻으러 온 아이들에게 하나씩만 가져가라고 했습니다.

과자바구니 뒤에는 거울이 놓여 있기도 하고 없기도 했죠.

실험 결과, 과자바구니 뒤에 거울이 없을 때에는

아이들 중 절반 이상이 두 개 이상의 과자를 가져갔고,

거울이 있을 때에는 단 10% 미만의 아이들이

두 개 이상의 과자를 가져갔습니다.

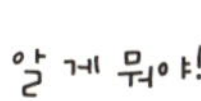

과자바구니 뒤에 놓여 있던 거울이 아이들의 모습을 직접 비춤으로써

자의식을 높이게 되었고, 아이들은 그런 자신의 모습을 보고 되도록

사회적으로 올바른 행동을 하게 된 것이죠.

외형뿐만 아니라 내면까지도 가꿀 수 있게 도와주는 거울의 힘!

아이가 자신을 돌아보고 보다 더 알아갈 수 있도록,

오늘 아이 방에 거울을 걸어주는 건 어떨까요?

마시멜로의 달콤한 유혹

2005년 전국을 강타했던 마시멜로 이야기!

과연 무엇이 그렇게 대단했기에 이 작은 주전부리가

세계를 놀라게 한 것일까요?

1970년 미국 스탠퍼드대학교의 월터 미셸 박사는

4~5세의 어린 아이를 대상으로 마시멜로 실험을 실시했는데요.

실험자는 아이의 책상 앞에 마시멜로를 올려둔 뒤

아이에게 자신이 15분 후에 돌아올 것이라고 말했습니다.

"넌 언제든지 이 마시멜로를 먹어도 되지만,

만약 선생님이 돌아올 때까지 먹지 않고 기다린다면

상으로 마시멜로를 하나 더 줄게."

이 실험은 바로 '만족지연'을 통해 알아보는

자기 통제력에 관한 실험이었습니다.

여기서 만족지연이란 '더 큰 것을 얻기 위해 눈앞의 유혹에 급급하지 않고

얼마만큼 참을 수 있는가'를 뜻하죠.

자기 통제력이 약한 아이들은 15분을 다 채우지 못하거나

혹은 실험자가 방을 나가자마자 마시멜로를 먹어버린 데 비해

자기 통제력이 강한 아이들은 15분간 유혹을

이겨내고 마시멜로를 하나 더 얻을 수 있었습니다.

이렇게 마시멜로를 통해 측정된 자기 통제력의 차이는 몇 년이 지난 뒤,

실험에 참가했던 아이들의 학업성적이나 또래관계,

자아성장에서도 뚜렷한 차이를 보였습니다.

자신을 잘 통제하여 15분 후 두 개의 마시멜로우를 얻었던 아이는

성장기 때도 매순간 밀려오는 유혹을 잘 통제하여

목표를 달성한 반면, 자신을 통제하지 못하고 15분 전에

마시멜로를 먹어버린 아이는 유혹으로부터

눈을 떼지 못하고 쉽게 '순간'의 만족을 선택했죠.

마시멜로를 눈앞에 둔 아이들에겐

15분이 너무나 긴 시간이었을 텐데요. 유혹을 물리친 아이들은

과연 어떤 방법으로 그 시간을 참을 수 있었던 걸까요?

마시멜로의 유혹을 이겨내지 못했던 아이들은 계속해서 눈앞의

마시멜로와 시계를 끊임없이 바라보며 갈등한 데 비해

마시멜로의 유혹을 이겨낸 아이들은 눈을 감거나 노래를 부르는 등

되도록 다른 일을 하며 마시멜로에서 주의를 돌리려고 노력했던 거죠.

더 큰 목표를 위해 현재의 유혹을 참는 법!

마시멜로의 교훈을 통해 아이들의 자기조절력을 길러주세요.

더 큰 미래의 마시멜로를 얻을 수 있을 거예요.

아이는 무엇이든 본대로 배운다
─사회적 참조

'부모는 아이의 거울이다'라는 말 들어보셨죠?

그만큼 부모의 행동은 아이에게 큰 영향을 끼치는데요.

태어나자마자 아이는 부모의 표정을 따라할 수 있고,

한 살이 채 되기 전에 부모의 표정을 읽고 학습할 수 있습니다.

[1982년 필드(Field)의 실험]

생후 7일 미만의 영아까지도 성인의 표정 모방 가능

또한 성장하면서 상대방의 표정을 통한 학습도 가능해지는데요.

1985년 소르소 외 3명의 심리학자가 생후 12개월 된 아기들을 대상으로

'시각절벽(visual cliff)'이라는 도구를 이용해 실험을 실시했습니다.

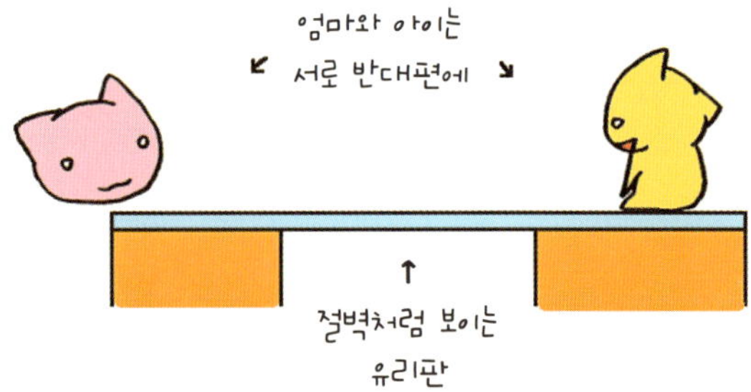

실험에서 엄마는 유리판 반대편에 있는 아기가 유리판을 넘어오도록 격려합니다. 그리고 아기가 절벽처럼 보이는 유리판에 다다랐을 때 엄마는 다음과 같은 다양한 표정 중 하나를 짓는데요.

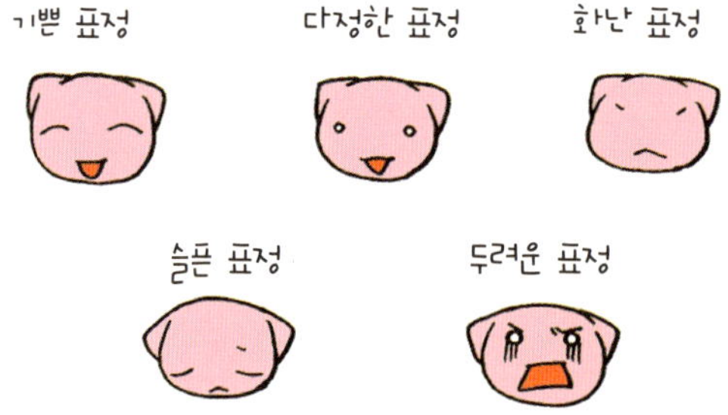

실험 결과, 74%의 아기가 엄마가 기쁜 표정과 다정한 표정을 지었을 때 시각절벽을 건넜고, 엄마가 화난 표정이나 슬픈 표정을 지었을 때에는 거의 시각절벽을 건너지 않았습니다.

특히 엄마가 두려운 표정을 지었을 때에는 단 한 명의 아기도

절벽을 건너지 않았죠.

이러한 학습은 부모뿐만 아니라 그 외의 사람을 통해서,

더 나아가 텔레비전을 통해서도 이루어지죠.

[2003년 뭄메, 패널드의 실험]

12개월 된 아기들은 텔레비전 화면 속 배우가
선호하거나 기피하는 물건을 보고 모방학습 가능

이렇게 아이가 다른 사람의 행동을 통해 학습하는 것을

'사회적 참조'라고 하는데요.

아이들의 사회적 참조 실험 중 가장 유명한 것은 반두라와 로스의

보보인형 실험입니다.

보보인형이란 공기로 부풀린 커다란 인형을 말합니다.

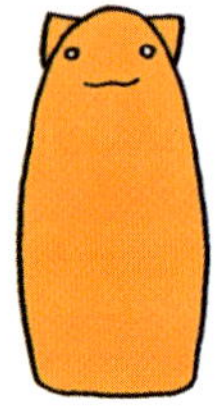

그는 실험에 참가한 아이들을 두 집단으로 나눈 뒤

텔레비전을 통해 한 그룹에게는 주인공이 보보인형을 공격하며 노는 모습을,

다른 그룹에게는 주인공이 보보인형을 껴안고 노는 모습을 보여주었습니다.

그 후 아이들은 텔레비전에서 보았던 방과 똑같이 생긴 방에 들어가

놀게 되었는데요. 관찰 결과, 텔레비전에서 보보인형을 공격하며 노는 것을

보았던 아이들은 텔레비전과 똑같이 보보인형을 공격하며 놀았고,

보보인형을 껴안고 노는 모습을 보았던 아이들은

바닥에 장난감 칼이 놓여 있음에도 불구하고

텔레비전에서처럼 인형을 안고 놀았죠.

그 어떤 교육보다 아이에게 가장 큰 영향을 미치는 부모의 행동.

혹시 어린 아이는 아무 것도 모른다고 생각하고

부주의한 행동을 하고 있진 않나요?

부모는 아이의 거울이라는 말, 꼭 기억하세요~!

남의 눈을 지나치게 의식하는
우리 아이에게 해주는 한마디

아침 8시. 감미로운 음악을 들으며 등교

아침 10시. 강의실 가장 앞자리에서 열띤 수업

점심 12시. 친구를 기다리며 벤치에서 커피 한 잔

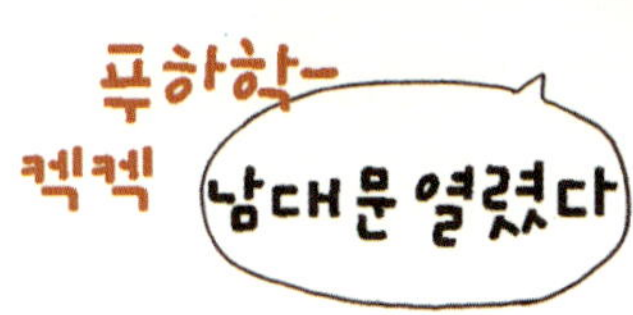

그럼 그때도…

그때도…!!

이런 부끄러운 경험 겪어본 적 있으시죠?

이젠 걱정하지 마세요!

사람들은 생각보다 다른 사람의 모습에 그다지 신경 쓰지 않는다는

연구 결과가 발표되었습니다.

T. Gilovich

토머스 길로비치는 실험 참가자들에게

코미디언의 얼굴이 크게 그려진 티셔츠를 입혔는데요.

촌스러운 옷을 입은 참가자들은 평범한 옷을 입은 다른 다섯 명의 학생들

사이에 실험 준비를 핑계로 잠시 동안 함께 앉아 있어야 했습니다.

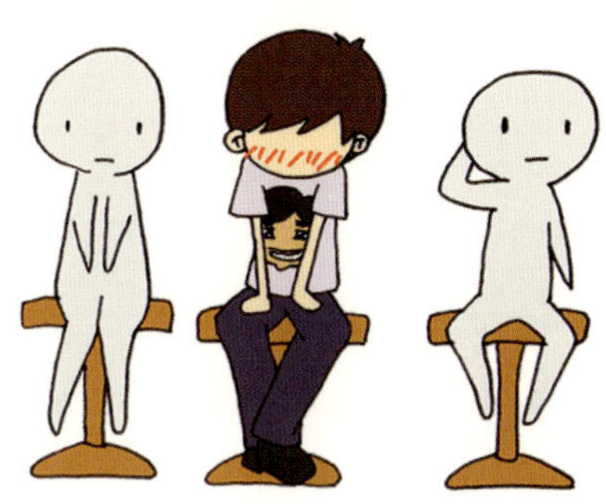

그 후, 촌스러운 티를 입었던 참가자에게

함께 있었던 사람들 중에 자신의 옷차림을 알아차린 사람이

몇 명이나 있을 것 같은지를 물었을 때,

참가자들은 함께 있었던 학생들 중 절반 이상이

자신의 우스꽝스러운 옷차림을 눈치 챈 것 같다고 말했지만,

실제로 같은 방에 있었던 학생들에게 질문한 결과

10~20%의 학생만이 그가 어떤 옷을 입었는지 기억한다고 대답했습니다.

이렇게 실제 이상으로 자신이

다른 사람들의 주목을 받고 있을 것이라고 생각하는 현상을

'스포트라이트 효과', 다른 말로 '조명 효과'라고 하는데요.

이러한 현상은 특히 청소년기에 들어서면서 심해질 수 있습니다.

아이가 다른 사람을 의식하여 자신을 가꾸고 다듬는 것은 좋지만,

지나치게 의식함으로써 역효과를 낸다면 조명 효과에 대해

살짝 귀띔해주세요~!

☑ 조명 효과(Spotlight Effect)

연예인들이 스포트라이트를 받듯이 자신이 다른 사람들의 시선을 한몸에 받고 있다고 생각하여 필요 이상으로 신경을 쓰는 현상. 사람들은 생각보다 타인의 행동에 관심이 많지 않으므로 사소한 일이나 실수에 크게 신경 쓸 필요가 없다.

쉽게 포기해버리는 아이, 엄마의 말 한마디면 달라진다

모든 아이들이 성장하면서 다양한 일에 도전하지만 때때로 실패를

경험하기도 합니다.

그러나 아이에 따라 실패에 대한 반응은 서로 다른데요.

왜 아이들의 반응이 이렇게 차이가 나는 걸까요?

그것은 아이들이 어떤 귀인양식과 동기를 가졌느냐에 달렸는데요.

스탠퍼드대학교의 심리학 교수인 캐럴 드웩은

아동들을 대상으로 '귀인 재훈련(attribution retraining)'에 대한

실험을 실시했습니다.

이 실험에서 아이들은 두 그룹으로 나뉘어

몇 가지 어려운 수학문제를 풀게 되었는데요.

한 그룹(A그룹)은 문제풀이에 성공했을 때 상품과 교환할 수 있는

토큰을 받았고 실패했을 때에는 별말 없이 다음 문제로 넘어갔습니다.

[A 그룹]

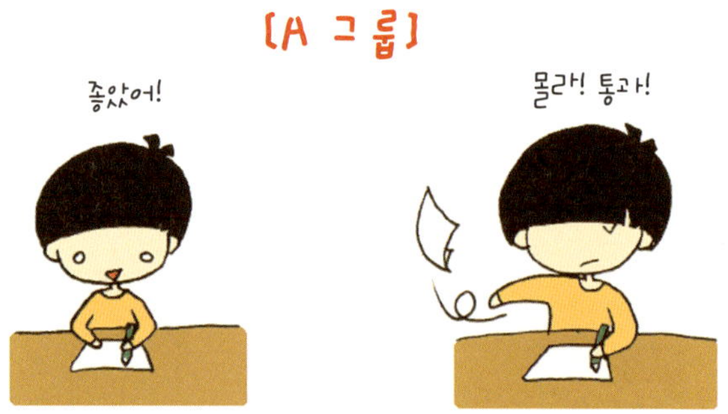

그리고 다른 그룹(B그룹)은 실패했을 때, 더 노력해야 한다는 말을

들려줌으로써 실패 원인을 '노력'에 돌릴 수 있도록 했습니다.

이러한 문제풀이를 25회 반복한 뒤,

드웩은 문제를 대하는 아이들의 태도를 관찰했습니다.

그 결과, 실패의 원인을 '노력'에 두고 귀인 재훈련을 받은 B그룹의 아이들은

처음엔 해결하지 못했던 어려운 수학문제들을 더 잘 수행했습니다.

실패 시 별다른 조언 없이 성공했을 때에만 토큰을 받았던 A그룹은

학습에서의 향상을 보이지 않았고, 문제풀이에 실패했을 때에는

다시 문제를 풀어보는 것을 바로 포기했죠.

이처럼 아이는 자신의 행동의 결과를 노력에 귀인했을 때,

실패나 새로운 과제에 보다 도전적이 되는데요.

자신의 성공은 높은 능력에 귀인하지만,

실패는 노력 부족으로 귀인하는 아동을

'숙달 지향적(mastery orientation)' 아동이라고 합니다.

숙달 지향적 아동은 새로운 문제를 마주했을 때,

해결 방법이나 새로운 책략을 생각하는

'학습목표(learning goal)'를 가지고 있죠.

반면, 문제해결에 성공했을 때 운이 좋았다거나

쉬운 문제 덕분이었다고 말하고, 실패 시에는 자신의 능력에 귀인하는 아동을

'학습된 무기력 지향적(learned-helplessness orientation)'

아동이라고 합니다.

학습된 무기력 지향적 아동은 새로운 문제를 마주했을 때,

자신의 능력을 평가하는 것이라 생각하여 긴장하고 회피하려는

'수행목표(performance goal)'를 가지고 있죠.

그렇다면, 이러한 아동의 귀인양식과 동기는 어떻게 형성되는 것일까요?

드웩의 또 다른 실험에 따르면, 아동의 귀인양식과 동기는

바로 부모와 교사들의 행동에 달려 있는 것으로 밝혀졌습니다.

드웩과 동료들은 초등학교 5학년 학생들에게 친숙하지 않은 과제를 내주고,

한 그룹은 성공했을 때 막연히 '열심히 한 것'에 대해 칭찬하고,

실패했을 때 '능력의 부족'에 대해 비난했고, 다른 그룹은 성공 시

'효율적인 문제-해결 책략들을 고안하려는 아동의 노력'을 칭찬하고,

실패 시 '노력의 부족'을 강조했습니다.

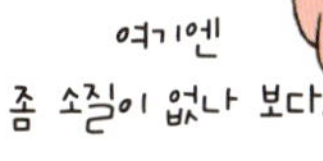

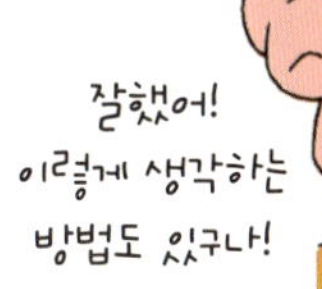

‘능력의 부족'을 강조 받은 아이들은 학습된 무기력 지향적 귀인양식을

보였고, 새로운 과제가 주어졌을 때 긴장하고 금세 포기하는 반면,

‘노력의 부족'을 강조 받은 아이들은 숙달 지향적 귀인양식을 보이며

스스로 “더 열심히 노력해야 돼.”라고 말하기도 했습니다.

이처럼 각기 다른 아이의 귀인양식이 한 시간도 안 되는 시간 내에

형성되는 것으로 보아, 아이의 전반적인 행동과 귀인양식은

수개월 혹은 수년 간 부모나 교사로부터 받은

평가에 의한 것임을 알 수 있었죠.

아이가 생각하는 방식은 모두 어른의 말에 달려 있다는 것을 명심하세요!

자아존중감이 큰 아이가 성공한다

그 이유는 바로 '자아존중감' 때문인데요.

자아존중감이란 자신이 타인에게 사랑받을 만한 존재이며

가치 있는 사람이라는 긍정적인 느낌입니다.

[자아존중감이 높은 아이]　　　　　　**[자아존중감이 낮은 아이]**

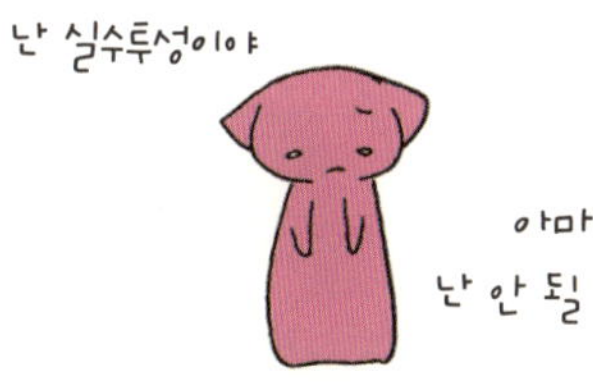

자신에 대해 긍정적으로 생각하는 아이는 스스로의 행동이 옳다는 것과

성공할 것이라는 것을 믿기 때문에 자신감이 있고,

타인의 실수나 잘못도 이해하고 포용하고자 하기 때문에

리더십 또한 높습니다.

자기 자신에 대한 믿음은 아이의 미래까지도 바꿀 수 있는데요.

미국의 심리학자 • Lex 렉스는 우범지대로 유명한

오하이오 주 콜럼버스의 한 초등학교 6학년 아이들을 대상으로

자신의 미래에 대한 생각과 관련해

간단한 인터뷰를 실시했습니다.

아이들은 자신의 미래에 대해 긍정적인 그룹과

부정적인 그룹으로 나뉘었는데요.

인터뷰를 한 지 5년 뒤, 인터뷰를 했던 학생들을 추적한 결과

그들은 정말로 자신들이 생각하고 이야기했던 대로 살고 있었습니다.

자기와 미래에 대해 긍정적인 생각을 가지고 있었던 그룹의 아이들은

평탄한 삶을 살고 있었지만,

자기와 미래에 대해 부정적인 생각을 가지고 있었던 그룹의 아이들은

약 39%가 평균 3회 이상 소년 재판소에 드나들었습니다.

자신의 미래에 대한 기대와 믿음이 그대로 현실이 되어버린 것이죠.

이처럼 자신에 대한 생각은 아이의 성격과 행동,

그리고 미래에까지 큰 영향을 줍니다.

그렇다면 자신에 대해 긍정적으로 생각하는 힘, 자아존중감을 높이려면

어떻게 해야 할까요?

하나. 야단치기 전에 공감하기

아이가 불만을 토로하거나 짜증을 낼 때,

부모들은 주로 세 가지 형태로 반응합니다.

그러나 이 중 '비판하기'와 문제해결방법을 논리적으로 제시하는 '설득하기'는

아이가 다음과 같은 메시지로 받아들이기 쉽죠.

그러나 우선 아이의 감정을 읽고 공감해주면,

아이는 금세 감정을 가라앉히고 이성을 찾게 되죠.

진정한 충고나 훈육은 그 이후에 이루어져야 합니다.

이러한 과정을 거침으로써 아이는 자아존중감을 손상받지 않으면서도

올바른 행동을 학습할 수 있죠.

둘. 아이의 자율성을 존중하기

아이에게 도움을 주기 위해 혹은 사랑의 표현으로 아이를 보호하고

챙겨주기도 하지만 이것이 지나치면,

오히려 아이의 자아존중감을 해칠 수 있는데요.

지나친 간섭과 과도한 보호는 아이에게 다음과 같은 메시지를 줍니다.

자아존중감과 관련된 한 퍼즐 실험에서,

자아존중감이 낮은 아이들의 부모들은 아이가 문제를 해결하려 하다

시행착오를 겪는 것을 참지 못하고 매우 지시적으로 아이에게 명령하며

게임을 진행하는 경향을 보였습니다.

때론 아예 직접 퍼즐을 맞추기도 했죠.

반면 자아존중감이 높은 아이들의 부모들은 아이가 시행착오를 겪는 것을

지켜보며 아이가 스스로 문제를 해결할 수 있도록 격려해주었습니다.

이러한 과정을 통해, 아이는 스스로 문제를 해결하는 법을 배우고,

스스로 이뤄낸 성공의 기쁨을 통해

더욱 자신감 있는 아이로 성장하게 됩니다.

아이가 조금 미숙하더라도 격려하며 지켜봐주세요.

스스로 이뤄낸 작은 성공들이 아이에겐 더 큰 힘이 되어 돌아올 거예요.

시도하기 전에 포기하는 아이,
어떻게 할까?

육지의 포유류 중 가장 거대한 동물, 코끼리.

사나운 맹수들조차도 그 거대한 몸집 앞에서는 슬슬 뒷걸음질 치며

몸을 피하는데요.

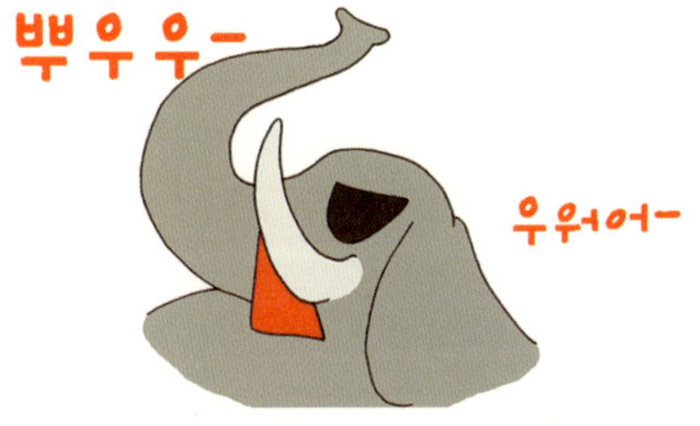

맹수들도 꺼리는 이 거대한 동물을 사람들은 과연

어떻게 길들인 걸까요?

먼저 사람들은 코끼리를 어렸을 때부터 튼튼한 말뚝에 묶어놓습니다.

아직 힘이 약한 아기코끼리는 몇 주 동안 말뚝에서

벗어나기 위해 안간힘을 쓰지만 번번이 실패하게 되죠.

이렇게 3~4주 동안 몇 번이고 시도한 탈출이 물거품이 되자,

자신이 어떻게 해도 상황은 바뀌지 않는다는 생각을 하게 됩니다.

몇 년이 지나, 코끼리는 이제 충분히

말뚝을 뽑을 수 있는 힘을 가졌음에도 불구하고

여전히 탈출은 불가능하다고 생각하며

시도조차 하지 않고

온순한 코끼리가 되어가죠.

이와 같이 계속된 실패로 인해 나중엔 충분히 그것을 이룰 수

있음에도 불구하고 시도 자체를 포기하는 것을

'학습된 무기력'이라고 합니다.

학습된 무기력의 효과는 개를

대상으로 한 실험에서도 증명되었는데요.

긍정심리학의 대가 마틴 셀리그먼 박사가 실시한 이 실험은

전기충격이 가해지는 우리에 개를 가둔 뒤,

세 가지 다른 조건에 따라 나타나는

개들의 반응을 관찰하는 것이었습니다.

먼저 A그룹의 개들은, 전기충격 우리에서

어떠한 행동을 해도 충격에서 벗어날 수 없는 조건이었고

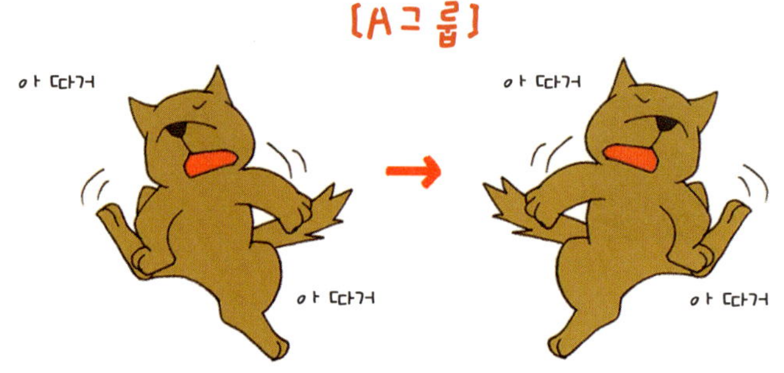

B그룹의 개들은, 전기충격을 받았을 때 나무판 같은 탈출 버튼을

건드리면 전기충격에서 벗어날 수 있었습니다.

그리고 마지막 C그룹의 개들은 아무런 전기충격도 받지 않았는데요.

각각의 우리에서 꼬박 24시간을 보낸 개들은
새로운 우리로 옮겨졌습니다. 새로운 우리는 가운데가
낮은 벽으로 가로막힌 두 개의 방으로 이루어져 있었는데,
한 방에서 전기충격이 왔을 때 벽을 뛰어넘어
다른 방으로 이동하면 전기충격을 피할 수 있었죠.

이 실험 결과, 이전에 회피경험이 있었던
B그룹의 개들과, 충격경험도 회피경험도 없었던 C그룹의 개들은
금세 벽을 뛰어넘어 모두 전기충격을 피한 반면,
과거에 아무리 노력해도 충격에서 벗어날 수 없었던
A그룹의 개들은 이젠 충분히 도망갈 수 있는 상황임에도 불구하고
무기력하게 주저앉아 가만히 전기충격을 받았습니다.

더욱 놀라운 것은 충격에서 벗어나는 것을 포기한 A그룹의 개들에게

벽을 넘어 옆방으로 피하면 전기충격에서

벗어날 수 있다는 것을 알게 해 주었지만,

A그룹의 개들은 여전히 무기력하게 주저앉아 전기충격을 받았죠.

A그룹의 개들은 어떻게 해도 전기충격에서 벗어날 수 없었던

과거의 경험 때문에 새로운 상황임에도 불구하고

여전히 전기충격에서 벗어날 수 없다고 생각한 것이죠.

사람 역시 잦은 실패나 좌절을 경험하게 되면

다른 사람들에 비해 성공에 대한 기대가 낮고, 실패의 원인을

자신의 노력이 아닌 상황 탓으로 돌리는 경향을 보입니다.

아이가 시도도 하기 전에 포기하는 경향이 있나요?

그렇다면 우선 보다 쉬운 목표나 문제들을 통해

아이가 작은 성공부터 경험할 수 있도록 해주세요.

잦은 실패에 주눅 들었던 아이가 격려와 작은 성공들을 통해

조금씩 자신감 있는 아이로 성장할 수 있을 거예요.

항상 변화하는 세상 속에서

과거의 실패는 더 이상 영원한 실패가 아니라는 것을

아이에게 가르쳐주세요~!

아이에게 필요한 것은 밥보다 따뜻한 엄마 품

옛날 한 나라에 호기심 많은 왕이 살고 있었습니다.

그 왕은 아주 먼 옛날 지금처럼 나라마다 언어가 없었을 때 사람들이 사용한

'태초의 언어'에 대해 궁금해했는데요.

이 궁금증을 해결하기 위해 왕은 문명과 접촉이 없는 상태에서

아이들을 키우고 그 아이들이 성장했을 때

어떤 언어를 사용하는지 지켜보기로 했습니다.

그의 명령대로 모든 시종과 시녀들은 온도,
식사, 잠자리 등 모든 것이 완벽하고 최고인
환경에서 아기들을 키우기 시작했는데요.
과연 이 아기들은 성장했을 때 어떤 말을
사용했을까요?

그러나 안타깝게도 이 궁금증을 해결하기도 전에, 왕의 실험에 참가했던
모든 아기들은 1년을 넘기지 못하고 대부분 죽거나 알 수 없는 병에 걸렸고,
왕은 결국 실험을 중단할 수밖에 없었습니다.

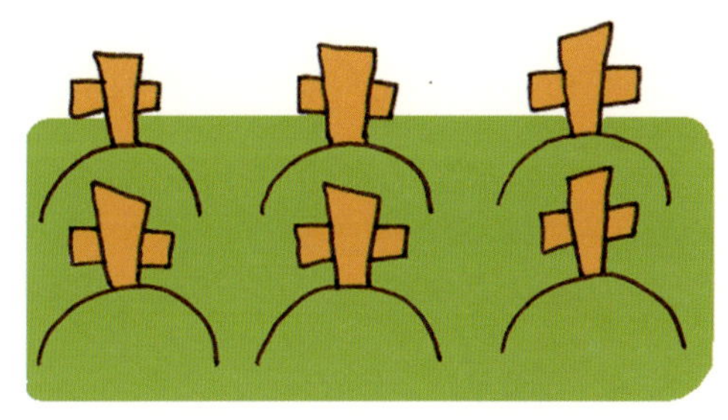

그중, 살아남은 몇 명의 아기들은, 아기를 불쌍하게 여긴 시녀들이
왕의 명령을 어기고 몰래 쓰다듬어준 아기들이었습니다.

이처럼 환경뿐만 아니라 스킨십은 유아가 성장하는 데 굉장히 중요하고

필수적인데요. 이러한 스킨십의 효과를 '접촉위안'이라고 합니다.

접촉위안의 중요성을 입증한 연구로는

유명한 할로(Harlow)의 원숭이 실험이 있는데요.

1959년 미국의 할로 박사는 아기 원숭이를 대상으로

하나의 실험을 진행했습니다.

그는 갓 태어난 아기 원숭이를 어미로부터 떼어내고

두 대리모를 통해 165일간 키웠는데요.

두 대리모 중 하나는 철사로 만들어졌지만 '밥'이 나오고,

또 다른 하나는 '밥'은 나오지 않지만 감촉이 좋은

부드러운 헝겊으로 만들어졌습니다.

아기 원숭이는 거의 대부분의 시간을 헝겊엄마와 붙어 지냈는데요.

심지어 철사엄마에게서 밥이 나올 때조차도

헝겊엄마에게만 붙어 있으려 했습니다.

더 중요한 것은 '위기 상황' 때의 행동이었는데요.

아기 원숭이를 두 엄마로부터 같은 거리만큼 떨어뜨려 놓은 후

갑자기 무서움을 느낄 만한 물건을 보여주었을 때

아기 원숭이는 과연 누구한테 달려갔을까요?

이번에도 아기 원숭이는 헝겊 엄마를 선택했습니다.

아기 원숭이에게는 밥보다도

접촉을 통한 위안이 더 중요했던 것이죠.

이외에도 접촉의 놀라운 효과에 대한 연구들이 계속 진행되고 있는데요.

최근 인큐베이터의 미숙아들을 대상으로 한 실험에서

하루 45분씩 열흘 동안 마사지를 받은 아기들이

인큐베이터 안에서 정기적인 치료만 받은 아기들보다

빨리 회복하여 평균 6일 먼저 퇴원했다는 결과가 발표되었습니다.

밥보다 중요한 스킨십! 사랑한다면 표현하세요~

적절한 스킨십은 아이의 건강뿐만 아니라 엄마와 아이를 잇는 '애착'이라는 마음의 끈을 만들어준다. 따라서 아이의 몸과 마음이 모두 건강하길 바란다면 생활환경뿐만 아니라 아이를 위한 마사지와 스킨십 역시 신경 써야 한다.

아이의 성적을 팍팍 올려주는 生生 심리학

효과적인 책 읽기의 기술, SQ3R

열심히 책을 읽은 것 같아도 책과는 늘 어색한 사이를 유지하고

있는 아이들이 많은데요.

오하이오주립대학교의 심리학자 프랜시스 P. 로빈슨은 효과적인 글 읽기를

위해 'SQ3R'이라는 읽기 기법을 개발했습니다.

SQ3R이란 읽기 기법 각 단계의 알파벳 첫 글자를 딴 것으로,

훑어보기(Survey), 질문하기(Question), 읽기(Read),

암기하기(Recite), 다시 보기(Review)라는

5단계를 거쳐 독서하는 방법인데요.

그럼 각 단계를 좀 더 자세히 알아볼까요?

먼저 훑어보기(Survey)란 책을 읽기 전,

목차를 통해 공부할 범위의 제목과 소제목 등을 살펴보는 것입니다.

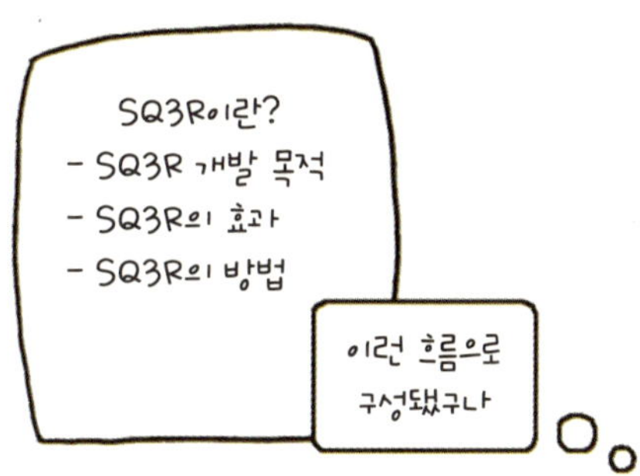

이 과정을 통해 공부할 내용의 전반적인 흐름과 내용을 파악할 수 있습니다.

맥클러스키는 실험을 통해, 제목과 요약을 훑는 방법을 아는 집단이

McClusky

모르는 집단보다 읽기 속도가 24% 더 빠르고,

이해 정확도는 비슷하다는 것을 밝혀냈는데요.

이를 통해 공부를 하기 전 목차나 요약을 통해

전반적인 내용을 파악하는 것이

읽기에 확실히 도움이 된다는 것을 알 수 있죠.

다음은 질문하기(Question) 단계입니다.

이 단계에서는 훑어보기 단계에서 살펴본 제목과 소제목들을

6하원칙에 따라 의문형식으로 바꾸어보는 단계입니다.

이러한 질문 단계를 통해 공부하기 전

중점적으로 읽어야 할 부분을 알 수 있어 효율적인 읽기를 할 수 있죠.

세 번째는 읽기(Read) 단계인데요.

이 단계는 질문하기에서 생각했던 질문들의 답을 찾아가며

자세히 읽는

본격적인 공부 단계입니다.

이 단계에서 중요하다고 생각되는 부분은 밑줄을 치거나

자신의 말로 다시 요약해 재정리하는 등

능동적인 독해를 하는 것이 중요합니다.

이때 너무 다양한 색의 필기나 밑줄은 오히려 주의를 분산시키므로

3가지 이하의 색을 사용하는 것이 좋죠.

네 번째는 암기하기(Recite) 단계로,

한 단락이나 장이 끝날 때마다

자신이 공부한 내용을 책을 보지 않고 다시 요약해보는 단계입니다.

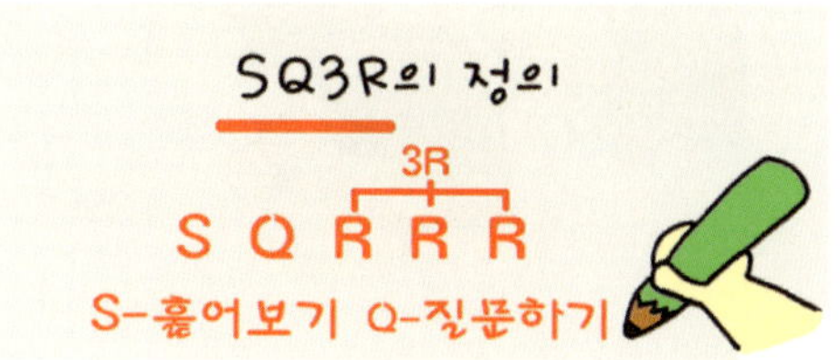

각 제목 밑에 개요나 요약을 쓰고 다시 한 번 정리해보는 것도 좋죠.

이 과정을 통해 자신이 공부한 부분을 어느 정도 이해했는지 알 수 있고,

부족한 부분이 무엇인지를 확인할 수 있습니다.

마지막은 다시 보기(Review) 단계인데요.

이 단계를 통해 암기하기 단계에서 부족했던 부분을 보충하고

전반적인 내용을 다시 확인해봄으로써 자신이 공부한 내용을

총정리할 수 있습니다.

더불어 SQ3R 전략은 자세하게 한 번 하는 것보다 대충이라도

여러 번 하는 것이 더 효과적입니다.

최소한 3회 이상 이러한 읽기 전략을 실시함으로써

처음에 놓쳤던 부분이나 중심 내용 외에

세부적인 내용을 함께 암기할 수 있죠.

대표적으로 고승덕 변호사는 시험이 있을 때 책 한 권을

열 번 이상 본 것으로 유명하죠.

대학교 재학 중 행시 수석, 외시 차석 합격,

서울대 수석 졸업, 예일, 하버드, 컬럼비아 로스쿨에서

법학석사, 정치학박사 등등

공부계의 엄친아!

가장 효과적인 읽기 전략으로 인정받는 SQ3R!

공부를 어려워하는 아이에게 좋은 길잡이가 되어줄 거예요~!

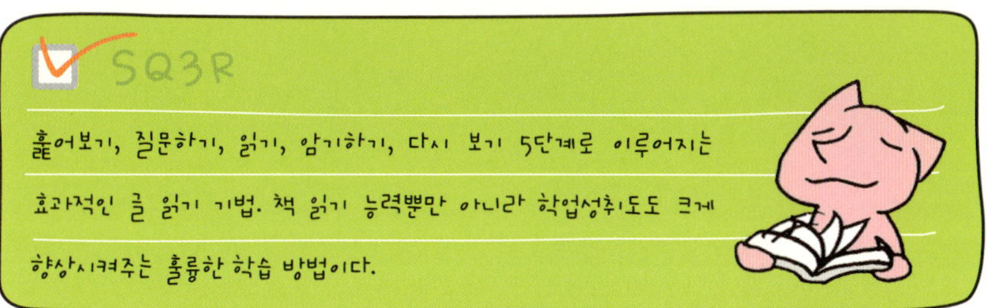

아이의 일과표를 함께 짜보면
잔소리 없이 공부시킬 수 있다

엄마와 아이의 엇갈린 진술!

과연 누구의 말이 옳은 걸까요?

정답은

아이의 입장에서 보면

하루 종일 공부하라는 소리에 시달리니

정작 진짜 공부한 것보다

공부에 대한 스트레스가 훨씬 크고

엄마 입장에서는 정작 공부한 것도 없는데 툴툴대는 아이를 보면

엄살떠는 것처럼 보이죠.

이러한 공부 악순환을 끊기 위해선 아이와 함께

한걸음 물러서서 상황을 바라보는 시간이 필요합니다.

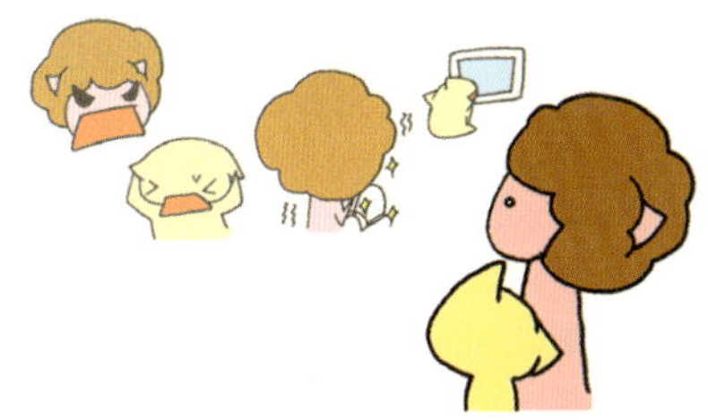

이러한 방법 중 하나가 '하루 일과 적어보고 시간표 세우기'인데요.

우선 아이와 함께 최근 일상생활을 시간표로 만들어봅니다.

이러한 과정을 통해 아이는 자신이 실제로 하루를 어떻게 보내고 있는지

객관적으로 바라볼 수 있습니다.

부모 역시 아이의 하루를

객관적으로 바라볼 수 있는 좋은 기회가 되죠.

시간표를 만들며 하루 일과에 대한 생각, 느낌 등을 나눔으로써

아이의 관심사나 생각을 알고 친밀감을 높일 수 있습니다.

이렇게 아이의 일과가 파악되었다면

이제 이 시간을 토대로 약간의 변화를 준 새로운 시간표를 만들 수 있습니다.

시간표를 만들 때에는 부모가 일방적으로 정하기보다

대화를 통해 아이와 함께 의논하고 결정하는 것이 좋습니다.

[X]   [O]

자신의 일과에 맞춰 엄마와 새로 만든 시간표는,

아이가 직접 참여하였고

현재 아이의 상황에 맞춰 만들었기 때문에

지킬 확률이 높죠.

새로운 시간표를 아이가 잘 볼 수 있는 곳에 붙여두고

새로운 일정이 생기면

그때그때 함께 바꿔보세요~!

공부에 대한 지나친 열정은 포기를 부른다

'뿌린 대로 거둔다'는 말이 있긴 하지만

가끔 뿌린 만큼 돌아오지 않는 경우도 있는데요.

다른 사람 못지않게 열심히 공부했는데도 결과가 좋지 않다면,

혹시 자신의 목표가 잘못된 것은 아닌지 살펴볼 필요가 있습니다.

현재의 목표를 재점검하고 어떤 목표를 세우는 것이

효과적인지 한번 알아볼까요?

우선 목표 점검에 있어 현재 자신의 동기수준을 확인하는 것이 중요한데요.

동기와 목표를 지나치게 높게 잡으면, 즉 과제가 지나치게 어려우면 과도한

압력과 부담감을 느껴 능률이 저하되고 쉽게 불안감을 느낍니다.

이러한 동기와 학습에 관련하여 브로드허스트는 한 가지 실험을 했습니다.

이 실험에서 쥐들은 우선 물이 찬 Y 모양의 미로에서

불이 켜지는 쪽으로 헤엄쳐 가면 탈출할 수 있도록 훈련을 받았는데요.

본격적인 실험에서 학습의 난이도는 불의 상대적 밝기에 기준을 두었습니다.

즉, 쉬운 문제는 탈출 통로의 불빛이 반대쪽 통로보다 300배 더 빛나고,

어려운 문제는 탈출 통로의 불빛이 15배 더 빛났는데요.

목표(탈출)에 대한 동기 조절은 바로 쥐의 머리를 물에 담그는 것이었습니다.

물속에 오래 있을수록 목표(탈출)에 대한 동기가 높아지게 되는 것이죠.

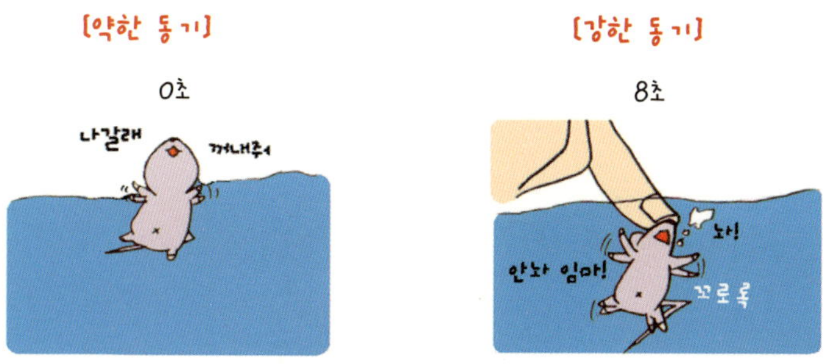

정말 목표에 대한 동기가 높을수록 더 좋은 수행 결과를 보였을까요?

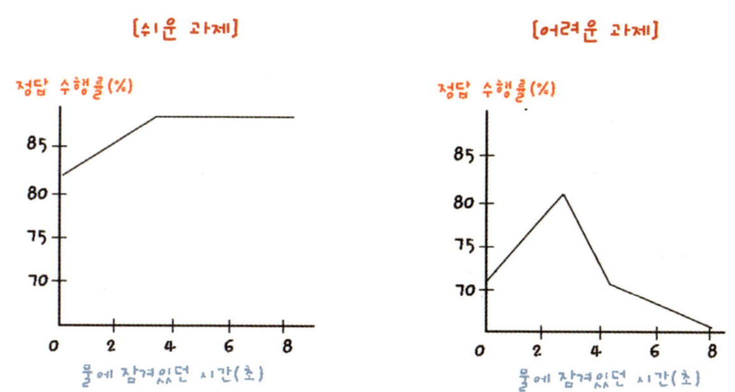

실험 결과, 쥐의 정확한 과제 성공률은

과제의 난이도에 따라 달랐습니다.

쉬운 과제에서는 목표에 대한 동기가 높을수록 높은 성공률을 보였으나,

어려운 과제에서는 목표에 대한 동기가 일정 수준 이상 높으면 오히려

성공률이 급격히 감소하는 것을 관찰할 수 있었는데요.

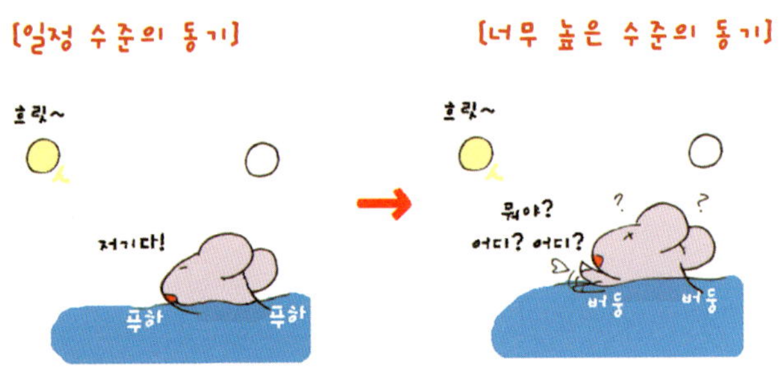

공부 역시 지나치게 동기가 높으면 학습 수행률이 저하될 수 있고,

이로 인하여 목표 달성에 실패를 겪고 무기력에 빠지기 쉽습니다.

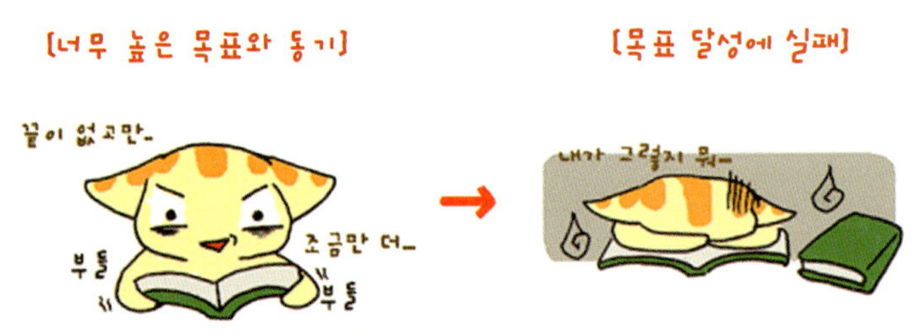

심한 경우 공부 자체를 아예 포기하게 만들기도 하죠.

그러나 대부분의 경우 실패의 원인을 '노력 부족'으로 여기고

'더 열심히 하면 된다', '이번엔 반드시 성공한다'라는 생각으로

다시 더 높은 목표와 무리한 계획을 세우게 되는데요.

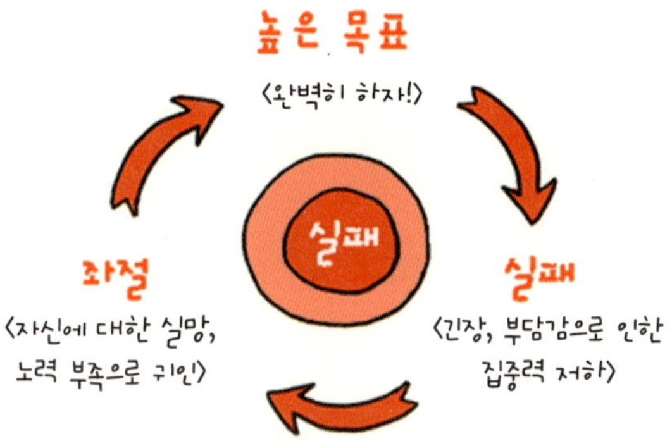

이것을 '자기 패배적 악순환'이라고 합니다.

이러한 자기 패배적 악순환에서 벗어나기 위해서는 자신의 목표가

너무 과도한 것은 아니었는가 되돌아보고 객관적으로 평가한 뒤,

좀 더 유연하고 실현 가능한 목표로 바꿔주는 것이 중요합니다.

적당한 동기는 좋은 결과를 가져오지만

지나친 열정은 오히려 해가 될 수 있다는 것을 명심하세요~!

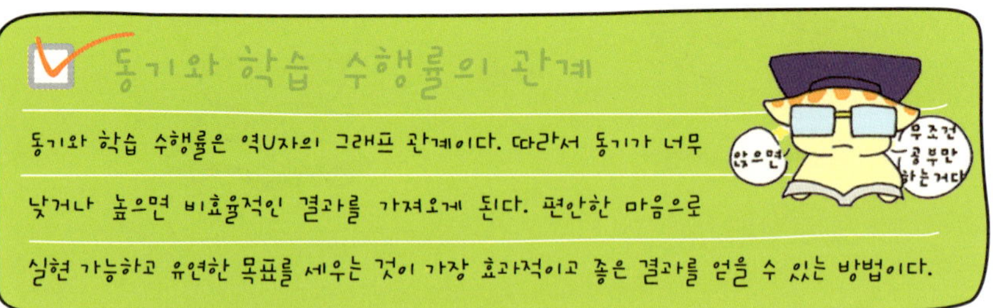

시험 전날 유독 긴장하는 아이, 이미지 트레이닝으로 해결하라

시험과 같은 중요한 일들이 닥치면 지나친 걱정과 스트레스로

예민한 사람들은 신체적 이상까지 보이는 경우가 있는데요.

물론 이런 증세는 중요한 일이 끝나는 동시에 사라집니다. 문제는

지나친 스트레스와 긴장이 중요한 일에 부정적인 영향을 끼친다는 것인데요.

어떻게 하면 이러한 긴장 상태를 완화시킬 수 있을까요?

미국 로드아일랜드대학교의 제임스 브로체스카 박사의 (James Brochaska)

실험에 따르면, 긴장할 만한 사건을 미리 예상하고 가상으로 체험해봄으로써

실제 사건이 일어났을 때 긴장을 줄일 수 있습니다.

브로체스카는 그의 실험에 참가한 학생들을 세 그룹으로 나누어

각각 다른 음성이 담긴 테이프를 들려주었는데요.

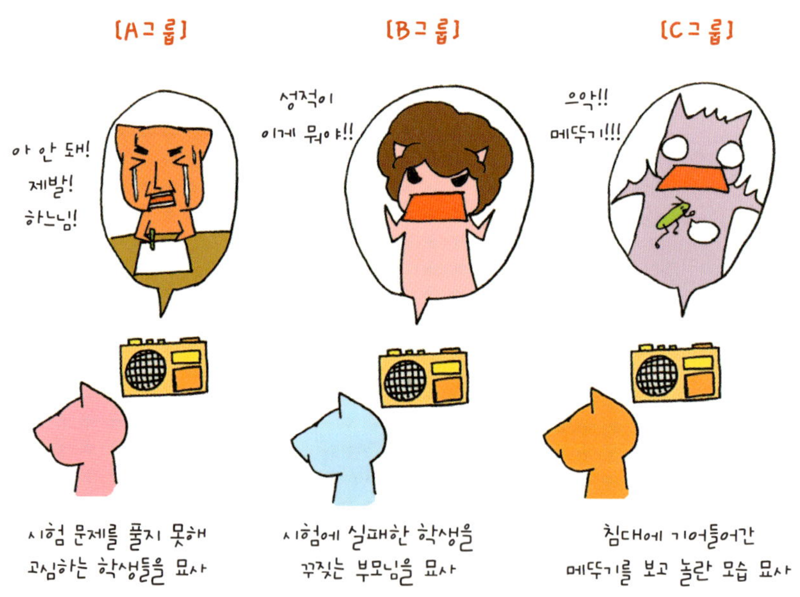

실험을 실시하고 3주 후 학생들의 시험성적을 관찰한 결과,

사전에 시험과 관련된 공포를 체험한 A그룹과 B그룹의 학생들은

성적이 놀랍게 향상된 반면,

C그룹의 학생들은 별다른 변화가 없었습니다.

특히 성적이 많이 오른 학생들을 인터뷰한 결과,

학생들은 테이프를 들을 당시에는 매우 불안했지만,

막상 나중에 시험을 볼 때는 불안이 감소했다고 대답했습니다.

시험 전날 지나치게 긴장하고 스트레스를 받는 아이에게 침착하게

시험 상황에 대한 이미지 트레이닝을 시켜보세요.

연습 땐 잔뜩 긴장했던 아이도 한결 편안하게 시험을 치를 수 있을 거예요.

아이의 손가락을 보면 미래가 보인다?

세상에는 남자와 여자,

두 가지 성별이 있습니다.

그리고 이러한 남자와 여자는 아이 때부터 조금씩 차이를 보이죠.

이러한 차이는 사회적 고정관념을 반영한

교육의 영향 때문이라는 해석이 지배적이었지만,

최근엔 남자의 뇌와 여자의 뇌가 처음부터 다르다는

연구 결과들이 나오고 있는데요.

1. 엄마가 아파할 때

여아 : 감정을 이해하고 같이 울먹임   남아 : 무관심

2. 발음하기 어려운 문장 빨리 읽기

여아 승리!

3. 한쪽 면을 같은 색으로 완성하는 큐브 게임

남아 승리!

4. 원래 도형과 똑같은 모양의 회전된 도형 찾기

남아 승리!(EBS 다큐 프라임, '아이의 사생활' 실험 참고)

이러한 남녀 간의 차이는 실험을 통하지 않고도 알 수 있는 방법이 있습니다.

바로 손가락의 길이를 재어보는 것인데요.

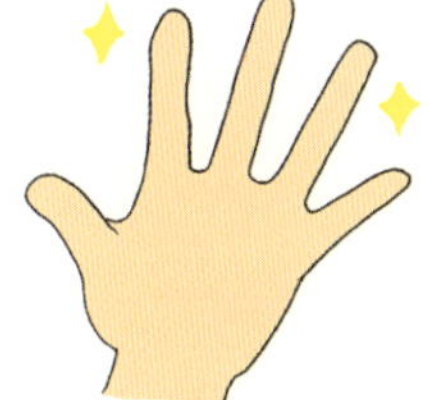

영국 센트럴랭커셔대학교의 심리학 교수 존 매닝의 이론에 따르면,

검지와 약지의 길이 차이를 통해 그 사람의 뇌가 여성형에 가까운지,

남성형에 가까운지를 알 수 있습니다.

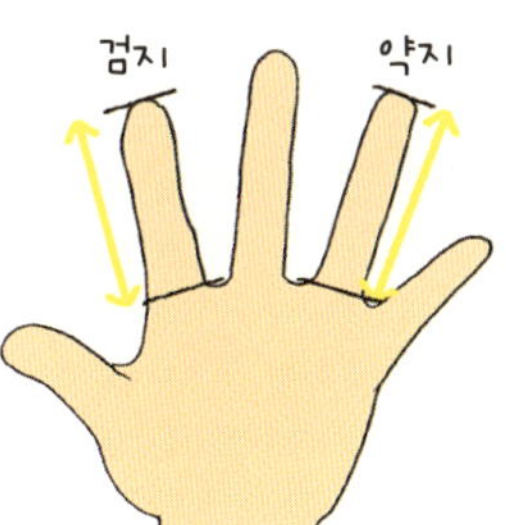

이 이론은 출생 전 호르몬의 영향에 기초한 것인데요.

태아의 뇌유형은 임신 8주에서 14주경 전달되는

성호르몬의 비율로 결정됩니다.

남성 호르몬인 테스토스테론이 여성 호르몬인

에스트로겐보다 많을 경우, 태아는 남성형이 될 가능성이 높고,

테스토스테론이 에스트로겐보다 적을 경우, 여성형이 될 가능성이 높습니다.

이러한 호르몬들은 태아의 뇌유형뿐만 아니라

검지와 약지의 길이에도 영향을 미치는데요.

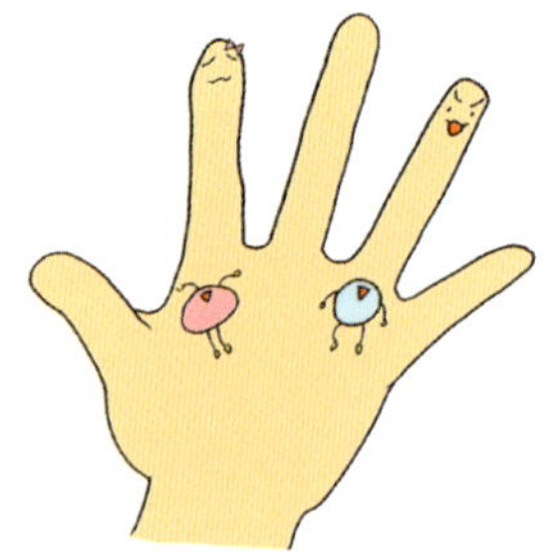

따라서 이러한 호르몬의 차이로 인해 약지보다 검지가 긴 사람은 여성형의

뇌를, 검지보다 약지가 긴 사람은 남성형의 뇌를 갖게 됩니다.

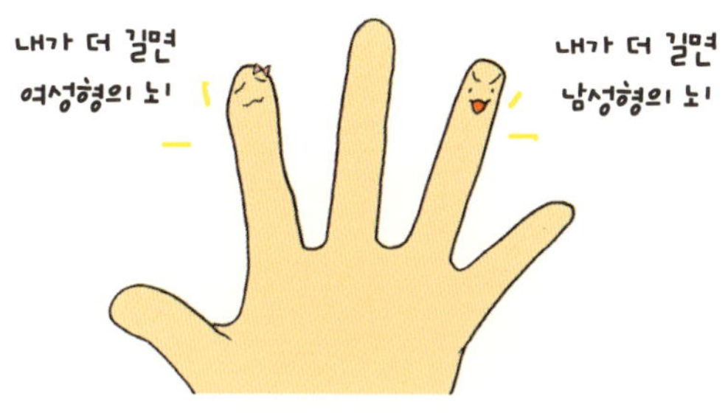

[약지가 긴 남성형의 뇌 = 공간 능력 우수]

[검지가 긴 여성형의 뇌 = 언어 능력 우수]

때론 여성형의 뇌를 가진 남성이나

남섬형의 뇌를 가진 여성이 존재하기도 합니다.

이처럼 뇌는 남성형과 여성형으로 구분될 만큼 서로 다르기 때문에

아이들을 가르칠 때에도 이를 고려하는 것이 좋습니다.

남성형의 뇌를 가진 아이들에게는 기분 맞추기나 이야기 만들기

등의 놀이를 통해 감정적, 언어적 능력을 향상시키고,

여성형의 뇌를 가진 아이들에게는 퍼즐 맞추기 같은 놀이를 통해

체계적, 공간적 능력을 향상시켜줌으로써

균형 잡힌 발달을 도울 수 있죠.

지금 한번, 아이의 성격을 생각하면서 손가락 길이를 비교해보세요.

아이를 이해하고 가르치는 데 큰 도움이 될 거예요.

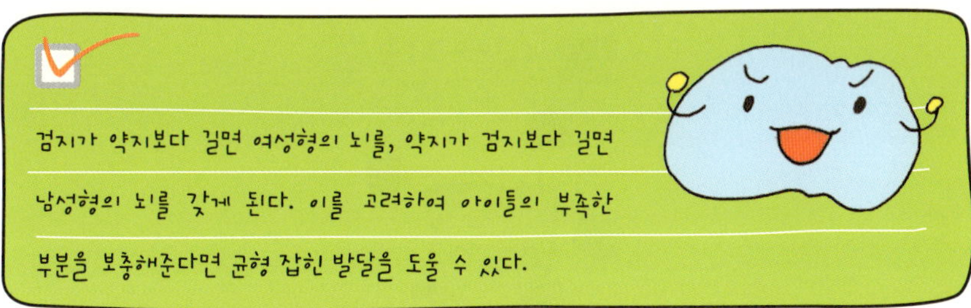

내 아이만 갖고 있는 특별한 재능을 발굴하는 법

다중지능이라는 말 들어보셨나요?

오늘날 지능의 기준이 되고 있는 IQ검사는 원래 학교 교과과정을 따라가지

못하는 아동들을 분류해내기 위해 고안된 검사입니다.

하버드대학교의 교육심리학 교수인 하워드 가드너는

아동의 다른 재능을 고려하지 않은 기존의 체계에 이의를 제기하고

'다중지능'이라는 새로운 지능체계를 설립했는데요.

다중지능에서는 아이의 지능을 다음과 같은

8개의 하위체계로 나누고 있습니다.

하나. 언어 지능

단어의 의미와 소리에 대한 민감성과 언어의 구조와

언어가 사용될 수 있는 다양한 방법에 대한 민감성

둘. 논리-수학 지능

추상적인 상징체계를 조작하고 그들의 관계를 지각하며

논리적이고 체계적으로 아이디어를 평가하는 능력

셋. 공간 지능

시공간적 관계를 정확하게 지각하고

이러한 지각을 변형하며

관련 자극이 없을 때도

시각적 경험의 측면을 재창조하는 능력

넷. 음악 지능

음의 높낮이, 선율에 대한 민감성, 음조와 음악적 구절을

더 큰 리듬으로 결합하는 능력, 음악의 정서적 측면을 이해하는 능력

다섯. 신체-운동 지능

자신을 표현하고 목적을 달성하기 위해 몸을 기술적으로 사용하는 능력,

사물을 기술적으로 다루는 능력

여섯. 인간친화 지능

타인의 기분, 기질, 동기 및 의도에 적절하게 반응하는 능력

자신의 내부 상태에 대한 민감성, 자신의 강점과 단점을 파악하고

자신에 대한 정보를 적절하게 사용하여 적응적으로 행동하는 능력

여덟. 자연 지능

자연적인 환경의 유기체(동물, 식물)에 영향을 미치거나

이들에 의해 영향을 받는 요인들에 대한 민감성

가드너는 인간이 다양하고 독립적인 지능을

가지고 있다는 것에 대한 대표적인 증거로

'서번트 신드롬(savant syndrome)'을 예로 들었는데요.

서번트 신드롬이란 자폐와 같은 뇌 장애를 가진 사람들의

10% 정도에서 나타나는 증후군으로, 이들은 특정한 분야에서

천재적인 지적 능력을 발휘합니다.

하늘을 날며 한 번 본 거대한 도쿄의 모습을

자동차 한 대, 창문 한 개까지 그대로 그려내는 능력

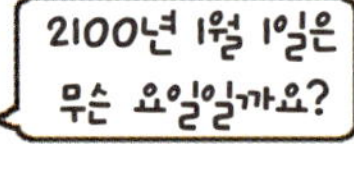

10분 만에 서울시 지하철 노선도를 외우고,

1초 만에 2100년 1월 1일이 무슨 요일인지 알아내는 능력

이처럼 기존의 지능개념과는 독립적으로

사람마다 서로 다른 고유의 강점 지능이 존재한다는 다중지능이론은

외국의 여러 교육기관에서 활용되고 있는데요.

다중지능이론을 활용한 교육기관에서,

부모와 교사는 아이만의 강점을 찾아 그것을 계발하고,

동시에 강점을 활용하여

아이의 약점까지 보완하는 교육을 실시하고 있습니다.

[음악 지능이 높은 아이에게 음악을 활용한 수학 공부하기]

이와 같은 다중지능이론의 활용은

아이의 학습에 대한 흥미를 높일 뿐만 아니라 부모에게도

아이의 재능과 교육에 보다

적극적인 관심을 갖게 하여 만족도가 높습니다.

나아가 아이의 전반적인 학업 성취도 역시 향상되는 등

좋은 효과를 보이고 있죠.

아이를 '학교성적'이라는 단일한 기준으로 평가하고 있진 않나요?

한 걸음 물러서서 좀 더 시야를 넓혀보세요.

내 아이만의 특별한 재능이 빛나고 있을 거예요.

아이가 벼락치기를 한다면 시험 전에는 반드시 재워라

벼락치기 같은 반짝 공부가 좋은 것은 아니지만 '미리 준비해야지' 마음먹어도

어찌어찌 하다 보면 시험이 코앞으로 다가오는 경우가 많죠?

이럴 때 사용하는 최후이자 최고의 스킬, 벼락치기!

기왕 할 거라면 좀 더 효과적으로 할 수 있는 방법을 알아볼까요?

보통 벼락치기한 날은 새벽까지 공부하거나 밤을 새기 일쑤인데요.

잠을 자자니 자기 전에 외웠던 내용들을 몽땅 잊어버릴 것 같고,

밤을 새자니 졸음과 피곤 때문에 시험을 망칠 것 같고…

자느냐, 마느냐! 과연 어떤 선택이 더 효과적일까요?

미국의 심리학자 젠킨슨은 흥미로운 실험을 진행했는데요.

비슷한 성적의 학생들을 A, B그룹으로 나눠 똑같은 강의를 한 뒤

다음 날 두 그룹을 대상으로 전 시간에 배웠던 내용을 테스트했습니다.

다만 A그룹은 강의 후 바로 잠을 자도록 했고,

B그룹은 마음대로 공부할 수 있도록 자유 시간을 주었죠.

실험 결과, 수면을 취했던 A그룹 학생들의 평균 기억률은 56%인 데 비해,

자유 시간을 가졌던 B그룹 학생들의 평균 기억률은 9%에 불과했습니다.

그 이유는 바로 '역행억제'라는 기억의 성질 때문인데요.

역행억제란 먼저 학습된 기억이 시간이 지남에 따라 다른 활동이나

자극들로 인하여 점차 약해지는 현상을 말합니다.

반복하여 복습할 여유가 없는 벼락치기의 경우,

그 외의 다른 활동이나 생각에 의해 기억력이 쉽게 약해지기 때문에

학습 후 계속 활동을 한 B그룹의 경우

역행억제에 의해 기억률이 낮아졌지만,

더 이상 다른 자극 없이 잠을 잔 A그룹은 기억률이 높이 나타난 것이죠.

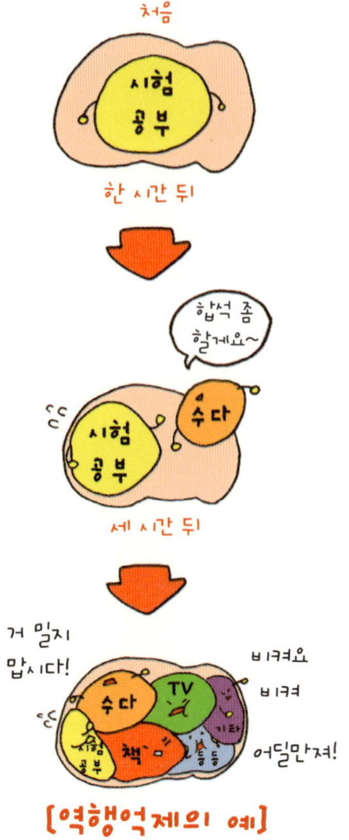

[역행억제의 예]

역행억제는 벼락치기뿐만 아니라 모든 기억에 적용되는데요.

정말로 급하고 중요한 정보일 경우에는 기억 후 바로 잠을 청하세요.

다음 날 가볍게 다시 한 번 읽어주면 가장 효과적으로

기억할 수 있답니다.

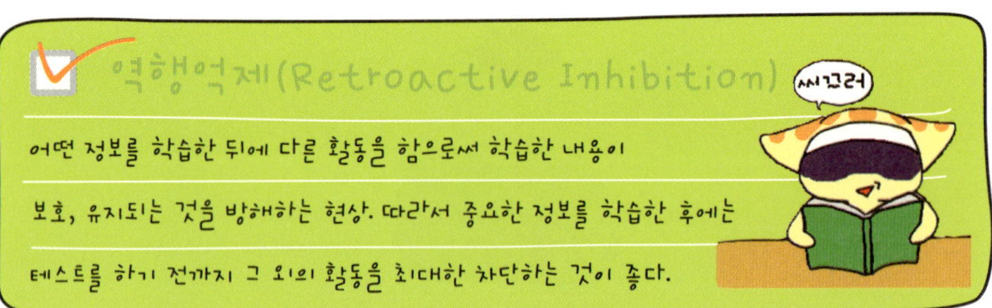

공부 습관을 기르는 효과적인 '상주기' 방법

'스키너 상자'라는 말 들어보셨나요?

스키너 상자란 행동주의 심리학자 스키너가 고안한 실험도구로

상자 안에 지렛대와 먹이가 나오는 통로가 있는 작은 상자를 말합니다.

[스키너 상자]

스키너는 이 상자를 이용하여 여러 가지 연구를 실시했습니다.

그 중 하나가 바로 스키너 상자를 이용한 '간격 조절 실험'인데요.

이런 기존 상자의 버튼과 먹이 간 규칙을 약간 변형시켜서

버튼 누르기 30번에 먹이 한 번 주기

버튼을 누르는 횟수와 상관없이
아무 때나 먹이 주기

30번에 한 번 규칙적으로 먹이를 주는 세트 1의 경우와

버튼을 누르는 횟수와 상관없이 아무 때나 먹이를 주는 세트 2의 경우 중

어떤 경우에 쥐가 버튼을 더 많이 누르는지 관찰한 결과

세트 1의 경우 먹이를 받은 직후에는 잠시 휴식을 갖고,

필요할 때 다시 반응을 시작하지만,

세트 2의 승리~!

세트 2의 경우에서는 먹이가 언제 나올지 모르기 때문에

휴식 없이 쉬지 않고 계속 버튼을 누르며 반응을 나타냈습니다.

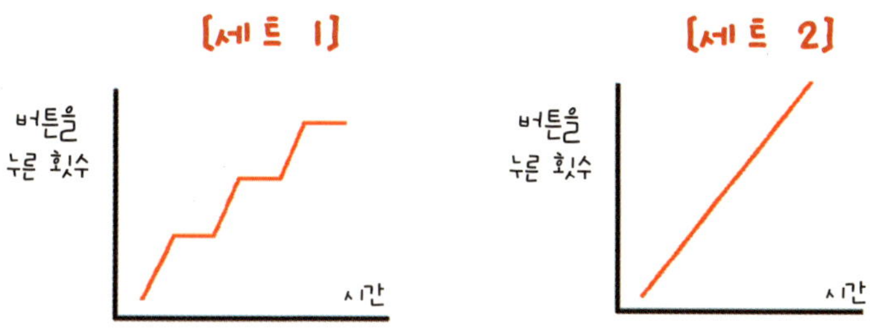

특히 세트 2의 경우 한 번에 나오는 먹이,

즉 보상물이 크면 클수록 후에 더 이상 먹이가 나오지 않는 상황에서도

버튼을 누르는 행위가 사라지지 않았죠.

세트 2의 쥐는 무엇인가 나올 때까지 미련을 버리지 못하고

백 번이고 천 번이고 버튼을 눌러대기만 했습니다.

이러한 스키너 상자의 실험 결과는

아이의 공부 습관을 형성하는 데도 응용할 수 있습니다.

즉, 아이가 일정 시간 공부 하는 것에 미리 상을 약속하기보다는

가끔씩 아이에게 불시에 상을 주는 것이죠.

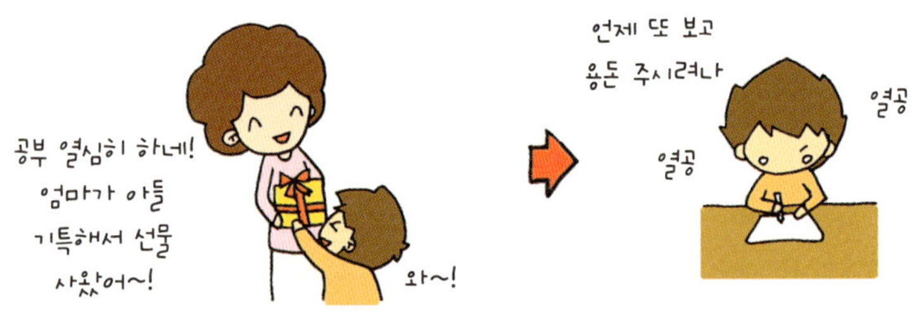

아이를 격려하기 위해 상을 주고 싶나요?

상은 매번 일정하게 주는 것보다 가끔씩 주는 것이

더 효과적이라는 것을 기억하세요~!

스스로 발목 잡는
셀프핸디캐핑

시험 때만 되면 터져 나오는 뻔한 거짓말들.

공부했다고 솔직히 말해도 될 텐데 왜 다들 못난 이야기만 할까요?

어떤 중요한 일을 하기에 앞서 의식적으로든 무의식적으로든

실패했을 때를 대비해 핑계거리를 만드는 것을

'셀프핸디캐핑(Self handicapping) 전략'이라고 하는데요.

시험 바로 전날 공부를 하지 않고

그냥 잠을 잔다던가, 다른 것을 하는 것도

무의식적으로 핑계거리를 만들기 위한 셀프핸디캐핑에 속하죠.

미국의 사회심리학자 버글래스와 존스는 대학생들을 상대로

한 실험을 통해 셀프핸디캐핑 현상을 증명했습니다.

실험에 참가한 대학생들은 '학습능력과 약물효과'라는

실험 주제 하에 수열과 관련된 문제를 풀었는데요.

A그룹은 간단한 문제를,

B그룹은 매우 어려운 문제를 풀게 되었습니다.

[A그룹]

[B그룹]

그 후, 실제 점수와 상관없이 실험자는 참가자들에게 그들이 과제에서

좋은 성적을 거두었다고 알려준 후, 비슷한 수준의 다음 문제를

풀기 전에 두 가지 약 중 하나를 선택하도록 했는데요.

이 중 한 약 은 집중력을 높여 문제를 푸는 능력이 향상되는 것이고,

다른 하나 는 집중력과 긴장을 이완시켜 문제를 푸는 능력을

떨어뜨리는 것이었습니다. 실험자는 실험 전, 참가자들에게

약의 효능을 모두 설명했기 때문에 참가자들 역시

각각의 약에 대해 이미 알고 있는 상태였죠.

그 결과, 쉬운 문제를 풀었던 A그룹의 학생들은 대부분 지적능력을

높여주는 약을 선택한 반면, 어려운 문제를 풀었던 B그룹 학생들은 대부분

지적능력을 떨어뜨리는 약을 선택했습니다.

다음 과제도 어려울 것을 예상한 B그룹 학생들은 미리 지적능력을

떨어뜨리는 약을 먹어, 불안한 시험 점수에 대한 핑계거리를 만든 것이죠.

혹시 우리 아이도 '시간이 없어서', '준비를 못해서'같은

셀프핸디캐핑에 빠진 것은 아닌가요?

과도한 셀프핸디캐핑에 빠져

스스로 발목을 잡고 있는 것은 아닌지

오늘 한 번 아이를 찬찬히 살펴보세요.

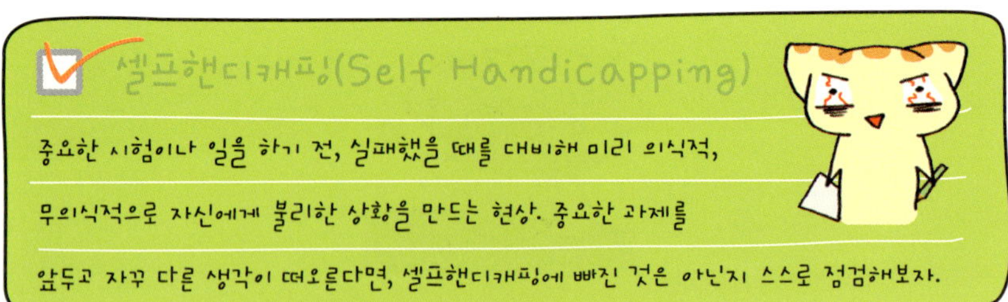

한글도 모르는 아이 영어시켜봐야 제자리!

하나. 영어를 듣는 것만으로는 학습효과 제로!

바야흐로 세계화 시대를 빙자한 영어 시대!

영어를 정복하기 위해 조기유학이다 어학연수다 갖가지 방법으로

언어 환경에 노출되는 것을 권장하는데요.

과연 다른 사람들이 말하는 것을 듣기만 해도

소위 '귀가 트인다'는 말처럼 언어를 배울 수 있을까요?

하버드대학교 교육대학원의 교수 캐서린 스노와 동료들이

네덜란드 아동들을 대상으로 실험을 실시한 결과,

단순히 독일 TV 프로그램을 시청한 아동들은

독일어 단어나 문법을

전혀 습득하지 못했음을 발견했습니다.

즉, 언어에 대한 기본적인 이해나 교육 없이

단순히 외국어에 노출되는 것만으로는

외국어 공부에 거의 도움이 되지 않았던 것이죠.

이것은 성인도 마찬가지였습니다.

반면 중증 청각장애를 가진 부모에게서 태어나

언어적 자극이 부족한 아이도

정상적인 성인들과 주당 5~10시간 정도의 시간을 같이 보낸다면

정상적으로 언어가 발달할 수 있죠.

이처럼 언어는

일방적인 노출이 아닌 사회적 상호작용에

규칙적으로 참여해야 숙달될 수 있습니다.

둘. 외국어 공부는 어릴수록 좋은 게 아니다!

보통 아이 때는 뇌가 가장 유연하게 발달하는 시기이기 때문에

외국어 역시 스펀지처럼

자연스럽게 흡수할 거라고 생각하는 경우가 많은데요.

아동기가 인생의 모든 기간을 통틀어 가장 급격하게

뇌 발달이 이루어지는 시기인 것은 사실입니다.
하지만 동시에 아동의 뇌는 성인의 뇌보다

미숙하다는 것 역시 사실인데요.

캐서린 스노와 연구팀은 비슷한 외국어 실력을 가진

다양한 연령층의 이민자를

대상으로 시간에 따른 외국어 능력 향상 정도를 측정했습니다.

그 결과, 어휘뿐만 아니라

문법, 발음 같은 언어의 유창성과 관련된

거의 모든 부분에서 12~15세 그룹의 성적이 가장 좋았습니다.

그 뒤로는 성인 그룹이 가장 점수가 높았고,

12~15세 그룹을 제외한 나머지 그룹은 나이가 어릴수록 점수가 낮았죠.

심지어 3~5세의 아동들이 1년 동안 배운 어휘는

12~15세의 아동들이 6개월 동안 익힌 어휘보다 부족했습니다.

오히려 나이가 어릴수록 언어 습득이 더딘 것이죠.

그렇다면 왜 지금까지 나이가 어릴수록

외국어를 배우기 쉽다는 결과들이 나왔던 걸까요?

그 이유는 바로 아이와 성인의 환경의 차이에 있습니다.

아이의 경우 외국어를 배우는 목적이 '실질적인 소통을 하기 위해서'입니다.

그러나 성인의 경우 주로 점수를 따기 위해 공부를 하거나 이미

한글을 알기 때문에 아동만큼 소통을 위해 필사적으로 공부할 필요가 없죠.

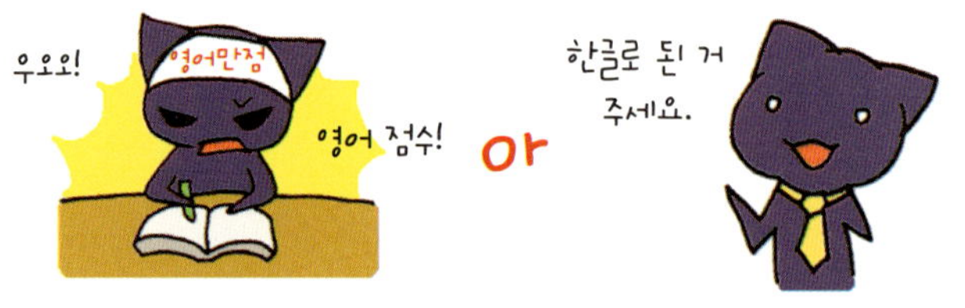

이 외에도 시간이나 원어민을 만날 기회, 학습 환경 등

다양한 부분에서 성인은 아동에 비해 많은 장애물이 있기 때문에

보다 더딘 언어 발달을 보였던 것입니다.

캐서린 스노는 또 다른 실험에서 모국어가 외국어를 익히는 데 끼치는

영향에 대해 연구했습니다. 이 실험에서 연구팀은

6~8세의 스페인 아동을 대상으로 모국어인 스페인어를 읽는 데

능숙한 아이와 그렇지 못한 아이로 분류했습니다.

아이들이 먼저 배운 모국어의 수준이 다른 외국어를 배우는 데

도움이 되는지 반대로 방해가 되는지를 알기 위해서였죠.

실험 결과, 이미 모국어에 능숙했던 아이들이

그렇지 않았던 아이들에 비해

훨씬 더 빨리 다른 외국어를 배울 수 있었습니다.

모국어를 배우고 사용할 때 익혔던 기술들을

자연스럽게 다른 외국어를 배울 때도 활용할 수 있었기 때문이죠.

아이에게 다른 외국어를 가르치고 싶다면,

우선 모국어를 충분히 익힐 수 있도록 해주세요!

모국어를 잘하는 아이가 외국어도

쉽게 배울 수 있답니다~!

인테리어에 따라 아이의 집중도가 달라진다

'인테리어가 개인의 수행에 영향을 주는가?'

이 주제는 심리학자들 사이에 자주 이슈가 되는 주제 중 하나인데요.

인테리어가 개인에게 어떤 영향을 미치는지 한번 알아볼까요?

1. 벽 색깔

1997년 크왈렉 연구팀은 90명의 안내원을 대상으로 벽 색깔이 개인의 기분과 업무 수행능력에 미치는 영향에 대한 실험을 실시했습니다.

안내원들은 세 그룹으로 나뉘어 4일간

서로 다른 색이 칠해진 사무실에서 업무를 보았는데요.

그 결과, 벽 색깔은 업무 수행능력에는 영향을 주지 않았지만

기분에는 큰 영향을 주었습니다.

안내원들은 푸른 기가 도는 초록색이 칠해진 사무실에서

가장 안정적이고 편안한 느낌을 받았죠.

색채에 관한 또 다른 실험으로 방 색깔과

체감 시간 간의 관계를 연구한 실험도 있는데요.

이 실험에서 실험 참가자들은 각각 빨간 계열 배경의 방과

파란 계열 배경의 방에 들어간 뒤,

1시간이 지났다고 생각하면 나오도록 지시를 받았습니다.

방에는 시계가 없었기 때문에 참가자들은 자신의 감에 의존할 수밖에 없었죠.

실험 결과, 빨간 계열 배경의 방에 들어간 참가자들은

50분 전후로 방을 나왔고,

파란 계열 배경의 방에 들어간 참가자들은

1시간을 넘어 1시간 10분이 지나도

좀처럼 방을 나올 생각을 하지 않았습니다.

이처럼 빨간 계열의 방은 사람을 예민하게 만들고

시간이 더디게 가는 것 같은 느낌을 줍니다.

패스트푸드점들의 인테리어가 주로 붉은색인 것도 이런 이유 때문이죠.

따라서 아이들의 공부방이나 침실은 빨간 계열보다 파란 계열의 색채를 많이

사용함으로써 안정적이고 편안한 느낌을 주는 것이 좋습니다.

2. 식물

식물 역시 인테리어에 큰 영향을 주는 요소 중 하나인데요.

1998년 ●펠드 연구팀은

노르웨이의 개인 사무실 51개를 대상으로

식물이 직원들에게 미치는 영향에 관한 실험을 실시했습니다.

연구팀은 실험기간을 둘로 나누어 동일한 사무실에

식물이 있었던 3개월과

식물이 없었던 3개월을 비교했는데요.

총 6개월의 실험이 모두 끝난 후 설문을 실시한 결과,

사무실에 식물이 있었던 기간 동안 직원들의

피로나 두통, 기침과 같은 증상들이 10~20% 감소했습니다.

이러한 결과는 병원을 대상으로 다시 실험을 실시했을 때도 같았죠.

아이의 방을 꾸밀 때, 예쁜 디자인만큼

아이에게 미치는 영향도 고려해보세요~!

아이의 기억력을 증진시키려면 엄마와 '말하기 일기'를 써라

엄마랑 모래놀이도 하고~

강아지 간식도 주고~

다 같이 모여 소꿉놀이도 했는데….

아이들과 대화를 나누거나 일기를 쓸 때,

대부분의 아이들은 '밥을 먹었다'와 '재미있었다' 등

단순하고 일상적인 이야기를 주로 하는데요.

1990년, 피버시와 해먼드가 평균 2.5세 아이들을 대상으로

캠핑 여행이나 비행기를 타 본 경험 등

최근에 있었던 일들에 대해 이야기를 해보게 한 결과,

대부분의 아이들이 특별하고 구체적인 사건보다는

일상적인 활동을 주로 기억하고 이야기했습니다.

그러나 이러한 아이들에게 보다 구체적인 질문을 했을 경우,

아이는 아주 상세한 것까지도 기억을 해냈는데요.

이처럼 아이들에게 기억을 인출해내기 위해서는 일반적인 질문보다는

구체적인 질문을 통한 단서 제공이 필요합니다.

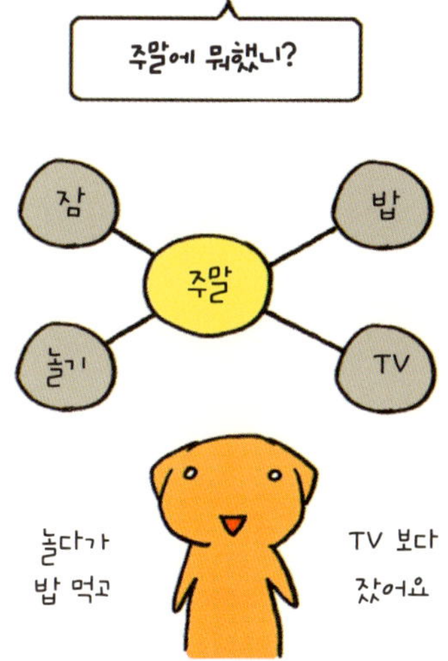

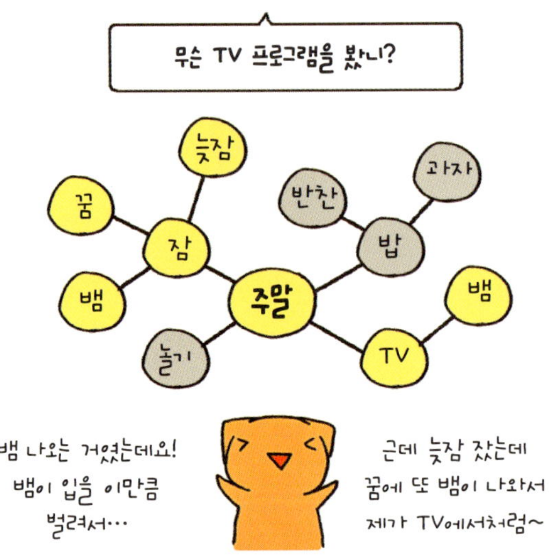

나아가 피버시와 해먼드가 1991년 디즈니랜드를 다녀온 아이들을 대상으로

실시한 기억에 관한 또 다른 실험 결과,

디즈니 여행에 대해 부모와 이야기를 많이 나눈 아이일수록

더 많은 것을 기억해낸다는 것을 알 수 있었습니다.

[부모와 얘기를 나누지 않은 아이]   [부모와 얘기를 많이 나눈 아이]

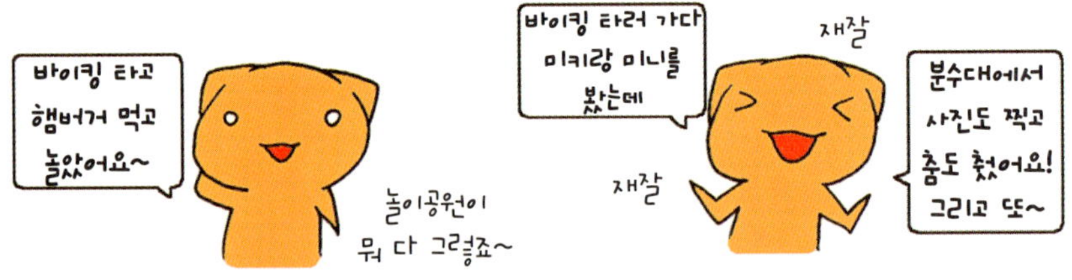

이는 아이의 기억 성장에 부모와의 대화가 매우 중요한

역할을 한다는 것을 시사하죠.

또한 이러한 대화는 아이가 사건간의 시간적 순서와

인과관계를 파악하고 자신의 기분을 평가함으로써

사건과 기억을 재정리하는 방법을 배우는 데 도움이 됩니다.

엄마와 함께 하는 말하기 일기!

혼자 쓰는 일기보다 하루를 정리하고 기억하는 데

훨씬 좋은 방법이 될 거예요~!

똑같은 학교, 학원 다니는데 성적이 다른 이유

과도한 공부는 아이에게 해가 되지만,

아이의 미래를 위해서 어느 정도의 공부는 반드시 필요합니다.

아이와 떼려야 뗄 수 없는 공부!

이왕 할 것이라면 효율적으로 즐겁게 하는 것이 좋겠죠?

공부를 잘하는 아이와

그렇지 않은 아이,

그 차이를 알아볼까요?

한국의 높은 교육열 덕에, 어디를 가더라도

학원 간판을 어렵지 않게 찾을 수 있는데요.

모든 아이들이 똑같은 수업을 듣는다 하더라도

결과는 아주 다르게 나타날 수 있습니다.

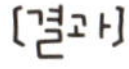

대체 왜 이런 차이가 나는 걸까요?

원인은 '자기주도적' 학습에 있습니다.

자기주도적 학습이란 학습자가 자기 스스로 행하는 학습활동을
뜻하는 것으로, 보다 주체적이고 능동적인 학습형태를 뜻합니다.

한 설문조사 결과, 공부를 잘하는 학생일수록
스스로 공부하는 시간이 많았고,
성적이 하위권일수록 학원과 과외 의존도가 높았는데요.
즉 공부를 잘하는 학생일수록 자발적으로
공부하는 경향이 높다는 것을 알 수 있습니다.

[성적 하위권 학생들의 학습패턴]

[성적 상위권 학생들의 학습패턴]

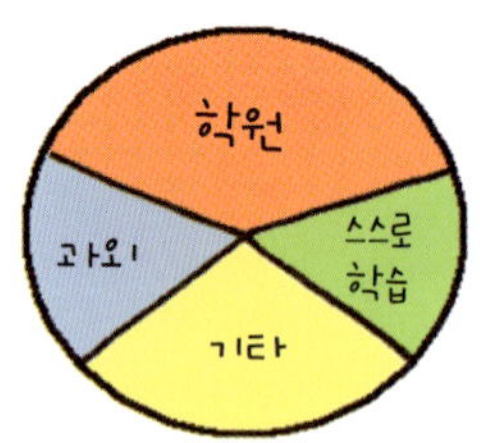

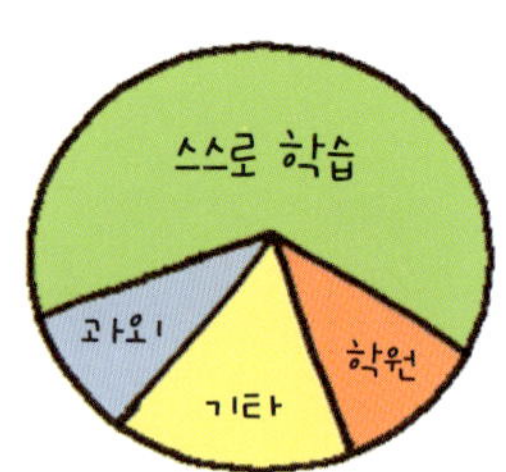

간혹 TV에 나오는 우등생들의 멘트가

형식적인 말이 아니었다는 것을 알 수 있는 부분이기도 하죠.

그렇다면 공부를 자발적으로 즐기는 아이와

그렇지 않은 아이와는 어떠한 차이가 있을까요?

첫 번째로 목표의 차이를 들 수 있는데요.

일반적으로 아이에게 공부를 하는 이유를 물으면 대다수의 아이들이

와 같은 식으로 대답합니다.

이러한 경우 아이에게 공부란 특별한 목표도 이유도 없이
남들이 하니까 하는, 혹은 부모님이 기뻐하기 때문에 하는
타인 지향적인 학습이 되기 쉽습니다.
이러한 경우 스스로 계획을 세우고 공부를 즐기는
자기주도적인 학습을 할 가능성이 희박하죠.

그러나 자기주도적 학습을 하는 아이의 경우 뚜렷한 목표를 가지고 있고
자신이 하는 공부가 그 목표를 달성하는 데 어떤 역할을 하는지를 인식하고
있습니다. 따라서 지금 자신이 하고 있는 공부가 자신의 꿈을 이루는
한 과정이라고 생각하기 때문에
보다 자발적으로 즐겁게 공부할 수 있는 것이죠.

다음으로는 기본적인 학습법의 차이인데요.

아직 공부에 대한 요령이 없는 아이들은 공부를 그저

'열심히 노력하면 되는 것'이라고 생각하고 별다른 계획이나 방법 없이

무작정 자리만 지키고 있습니다.

하지만 이 경우 공부하는 시간은 많지만 그에 비해 결과는 썩 좋지 않죠.

반면 자기주도적 학습을 하는 아이들은 원리를 중심으로

공부하고 배운 내용을 평가하고 자신이 부족한 부분을 보충하는 등

체계적으로 학습하고 있었습니다.

체계적인 학습법을 통해 같은 시간 내에 보다 효율적인 공부를 할 수

있었던 것이죠. 이러한 학습방법에서의 차이는 아이의 학습 효율성은 물론

학습동기나 자존감에도 영향을 미칩니다.

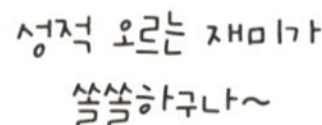

그렇다면 아이가 자기주도 학습을 하도록 하기 위해서는 어떻게 해야 할까요?

하나. 학습동기 키워주기

자기주도적인 학습을 위해서는

무엇보다도 학습에 대한 욕구, 학습동기가 필요한데요.

이러한 학습동기를 키워주기 위해서는 가장 먼저 목표가 필요합니다.

아이에게 미래의 모습을 그려보게 한 후, 그 꿈을 이루기 위해

부모와 함께 구체적인 목표를 세우고 계획을 세움으로써

자연스럽게 학습동기가 유발될 수 있죠.

이 과정에서 부모가 안내자 역할을 해주어야 합니다.

또한 현재 아이의 수준을 파악하는 것도 필요한데요.

아이의 수준을 고려하지 않은 일방적인 교육은

아이의 자존감과 학습동기를 떨어뜨립니다.

따라서 아이와 함께 아이가 좋아하는 과목과

싫어하는 과목은 무엇인지, 어떤 부분이 힘들고 어려운지를

살펴보고 해결책을 찾는 것이 중요합니다.

이러한 과정을 통해 아이의 현재 수준을 진단한 뒤

수준에 맞는 문제를 제공함으로써,

아이의 성취감과 학습동기를 높일 수 있죠.

둘. 학습계획 세우기

앞서 언급한 것과 같이 학원에 많이 다니는데도

성적이 오르지 않는 것은 아이들 스스로 계획을 세워 공부하기보단

진도에 급급하여 공부한 것들을 복습하고 체화할

시간이 부족했기 때문인데요.

아이와 함께 목표를 세워 학습동기를 높이고

아이의 현재 학습수준에 대한 진단을 내렸다면,

이제 이러한 진단에 따라 학습계획을 세우는 것이 필요합니다.

학습계획은 우선 큰 목표를 중심으로 점차 세분화하는 것이 바람직한데요.

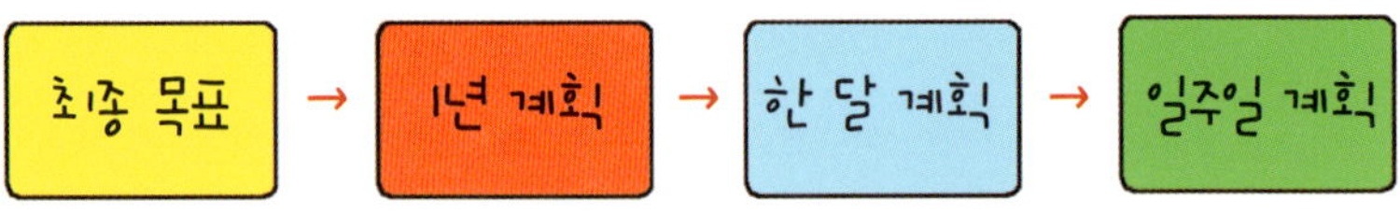

이러한 계획을 세우는 것은 처음엔 시간이 많이 들고 힘들지만,

한번 세워두면 아이의 학습동기나 시간 관리에 큰 도움이 됩니다.

학습평가는 아이가 그날 계획했던 학습계획들을 잘 실천했는지를
평가하는 것입니다. 아이는 자발적인 평가를 통해 성취감과 함께
자신의 부족한 점을 쉽게 파악하여 보충할 수 있죠.

이때 학습평가는 3~5분 이내에 끝낼 수 있는 간단한 것이 좋습니다.
효율적으로 공부하기 위해 작성한 계획표를 채우느라 많은 시간을 허비하는
주객전도가 일어나지 않도록 하기 위해서죠.

모든 아이들에게는 보다 멋진 사람이 되고 싶은 욕심이 있습니다.
그러나 그렇게 되기 위해 무엇을 해야 하는지 모르기 때문에
갈등을 겪게 되는 거죠.
꿈과 가능성이 많은 아이들에게 물고기를 잡는 방법을 가르쳐주세요.
목표가 생기고 그 길을 가는 방법까지 알게 된 아이는
스스로 꿈을 향해 나아갈 거예요.

아이보다 딱 반걸음 앞선 부모가 훌륭한 선생님이다

1799년 7월 프랑스 남부지방의 아베롱(Aveyron)이라는 숲에서

12살 정도 된 야생소년이 발견되었습니다.

빅터라는 이름을 얻게 된 이 소년은 발견 당시 말을

하지도, 알아듣지도 못했습니다.

또한 도구를 사용할 줄도 몰랐고 항상 사람들의 감시망에서 벗어나

도망가려고만 했죠.

사람들은 처음에 빅터가 지적 장애를 가진 귀머거리와

벙어리 아이로 생각했으나

지속적인 관찰 결과, 빅터는 정상인 것으로 밝혀졌습니다.

그 후, 한 의학자가 빅터에게 지속적으로 언어와 예절, 도구 사용법 등을

가르쳐주었고 마침내 빅터는 약간의 자제력과

간단한 말을 터득할 수 있었지만,

짧은 단어를 이야기하는 것 이상의 발전은 이루지 못하였죠.

이처럼 사람에겐 어떤 특정 시기가 지나면 완전히 발달하기

어려운 것들이 있는데요.

이러한 시기를 '민감기'라고 합니다.

민감기는 뇌의 발달과 연관이 있는데요.

인간의 뇌에는 '뉴런'이라고 하는 세포들이 존재합니다.

이 뉴런들은 환경으로부터 들어오는 자극이나 학습에 따라 뉴런 간의

연결망이 더 튼튼해지는데요.

민감기의 경우, 뉴런 간의 연결이 가장 많아졌다가 들어오는 자극에 따라

연결이 강해지기도, 소멸되기도 합니다.

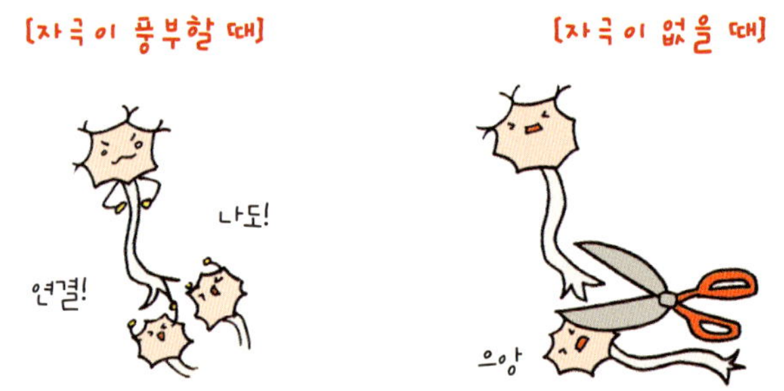

민감기에 뉴런 간의 연결이 튼튼해질수록 아이의 뇌는 더 발달하게 됩니다.

빅터의 경우 이러한 민감기에 언어나 문명과 관련된 자극이 제대로

이루어지지 않았기 때문에, 민감기를 지나 청소년기에 이르렀을 때

좋은 환경에서 집중적인 교육을 받았음에도 불구하고

성과를 얻지 못했던 것이죠.

이때, 부모들은 아이의 뇌가 뉴런 간의 연결을 풍부하게 맺을 수 있도록

다양한 자극을 제공해주는 것이 중요합니다.

특히 아이가 3살이 되기 전까지는 오감을 자극하는 놀이를 통해

다양한 감각기관을 자극하고 감정과 언어중추를 발달시키는 것이 필요하고,

아이의 기억과 사고능력이 발달하기 시작하는 5세 이후부터는

풍부한 언어자극을 제공해줌으로써

아이의 발달에 효과적으로 도움을 줄 수 있는데요.

문제는 아이의 뇌가 충분히 발달할 준비가 되지 않았음에도 불구하고,

지나친 조기교육 열풍으로 인해 발달 순서를 무시한

편협하고 과도한 교육을 하는 경우가 늘고 있다는 것입니다.

아이의 오감이 발달해야 하는 시기에

너무 일찍부터 언어를 가르치거나 높은 수준의 사고력이 필요한

수학 같은 과목을 학습시키게 되면

자칫 그 시기에 필요한 더 중요한 자극을 제공받지 못하여

아이의 발달이 지체될 수 있습니다.

특히 언어나 수학 같은 교육은 학습지나 비디오 등

시청각 자료에 의존하는 경우가 많기 때문에, 뇌의 일부분만 발달하고

다른 부분은 쇠퇴하는 일이 발생할 수 있죠.

따라서 나이에 맞지 않은 과도한 조기교육보다는

아이가 특정 자극을 가장 잘 받아들일 수 있는 민감기와

뇌 발달 시기에 맞춰 풍부한 자극을 제공하는 것이 중요합니다.

더 나아가 그러한 자극들을 이용하여 아이의 수준보다

반 단계, 혹은 한 단계 높은 학습을 유도하는 것도

아이의 흥미를 이끌어낼 수 있는 방법이죠.

남들보다 똑똑한 아이로 키우고 싶나요?

그렇다면 우선 엄마의 욕심을 버리고 아이의 눈높이에 맞춰보세요.

아이의 수준을 이해하고 아이보다 딱 반걸음 앞서 이끌어주는 부모가

아이에겐 가장 재미있고 훌륭한 선생님입니다.

아이를 망치는 과잉 조기교육

과잉 조기교육이 초래하는 문제들은 헤아릴 수 없이 많은데요.

하나. 과잉학습장애의 위험

아직 배울 때가 되지 않은 아이에게 무리하게 너무 많은 것을 가르쳐주면

아이는 과도한 스트레스로 인해 '과잉학습장애'가 생길 수 있습니다.

과잉학습장애란 일종의 정신질환으로,

지속적으로 과도하고 일방적인 학습을 받은 아이가

거부행위로 난폭한 행동을 보이거나

사람을 피하려는 자폐증세,

책이란 책은 모조리 거부하는

학습거부증 등을 나타냅니다.

둘. 학습에 대한 흥미 감소

과도한 조기교육은 그 시기 배워야 할

중요한 것들을 놓칠 뿐만 아니라

학교에서 배우는 것을 미리 배웠다는 생각에

학습에 대한 흥미가 떨어질 수 있습니다.

아이의 흥미나 요구가 무시된 부모의 일방적인 조기교육은

아이의 학습의욕을 떨어뜨려 공부하기 싫어하는 아이로 만들 수도 있죠.

셋. 스트레스로 인한 기억력 감소

최근의 연구 결과에 따르면 스트레스를 많이 받았을 때 뇌에서 기억을

담당하는 '해마'라는 부위가 위축되어 기억력이 감소하게 됩니다.

과잉 조기교육으로 인해 오히려 아이의 기억력이 감소하게 되는 것이죠.

넷. 아이의 주도성과 창의성 저해

아동은 다양한 경험을 통해 세상을 자기 나름대로 해석하고 이해함으로써

지능뿐만 아니라 주도성과 창의성이 발달하게 됩니다.

그러나 어린 시절부터 과도하게 암기 위주인 주입식 교육을 받은 아이는

학습이나 생활에 있어서 주도성과 창의성이 떨어지게 되죠.

다섯. 아이의 정서, 사회성 발달 저해

다른 아이들과 상호작용하기보다 학습지나 비디오 같은

일방적인 소통에 익숙해진 아이는

자기중심적이며, 타인의 감정이나 공감능력이 충분히 발달하지 못해

정서나 도덕성, 사회성 발달에 문제가 생길 수 있습니다.

이처럼 과도한 조기교육은 일시적으로는

아이가 다른 아이들보다 일찍 언어나 숫자에 익숙해지기 때문에

똑똑한 아이로 성장하는 것 같지만,

장기적으로 보았을 때 오히려 학습의욕이 떨어지고

창의성이나 사회성이 떨어지기 때문에 주도적인 학습이나

친사회적인 성장을 하는 데 오히려 방해가 됩니다.

따라서 너무 일찍 아이에게 높은 수준의 교육을 시키는 것보다는

아이의 수준과 흥미에 맞는

다양한 자극을 제공하는 것이 더 중요하답니다.

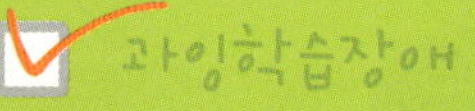

과잉학습장애

너무 이른 시기에 과도하고 일방적인 학습을 아이에게 지속적으로 강요하여 그 스트레스로 인해 나타나는 일종의 정신질환. 증세로는 난폭한 행동, 자폐증세, 학습거부 등이 있다. 지나친 조기교육보다는 아이 눈높이에 맞는 적절한 교육이 좋으하다.

잡념 퇴치법, 메모!

설렁설렁 공부한 1시간보다 세상모르게 몰입해 공부한 10분이

더 효과적이라는 사실은 많은 사람들이 경험해봤을 텐데요.

문제는 우리 주변의 다양한 것들이 서로 주의를 끌기 위해

경쟁하며 집중하는 것을 방해한다는 것이죠.

따라서 우선은 외부자극을 최소한으로 줄이는 것이 중요한데요.

도서관은 외부자극을 최소한으로 줄여 한곳에만 집중할 수 있도록

도와주는 그야말로 '공부의 명당'이라 불릴 수 있는 장소입니다.

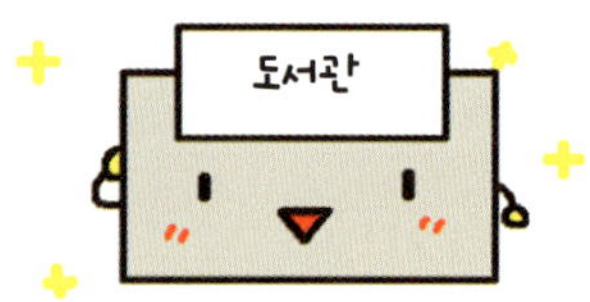

이렇게 조용한 장소로 모여든 사람들이 서로 공부하는 모습을
지켜봄으로써 경쟁심이 자극되어 집중력이 향상되는 것을 볼 수 있는데,
이것을 '경쟁심 효과(사회적 촉진 효과)'라고 합니다.

이러한 경쟁심 효과는 이미 여러 연구에 의해 증명되었는데요.
미국 인디애나 대학교의 심리학자 트리플릿은 사이클 경기에서
선수들이 혼자 트랙을 달릴 때에는 평균시속 24km를 기록하는 반면,
그룹으로 달릴 때에는 평균시속 33km를 기록해
단체일 때 기록이 향상된다는 것을 발견했습니다.

이어서 그는 이 사실을 증명하기 위해 한 가지
실험을 진행했는데요. 실험에 참가한 아이들에게
릴과 낚싯줄을 주고 정해진 시간 안에 최대한 릴에
낚싯줄을 많이 감도록 지시했습니다.

그 결과, 실험에 참가한 아이들 중 절반 이상은
혼자 과제를 수행했을 때보다
누군가와 같이 수행했을 때 기록이 더 향상되었습니다.

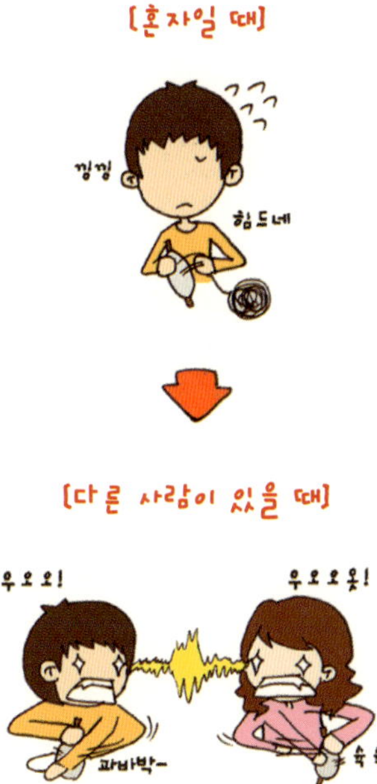

이 실험을 통해 타인의 존재가 개인의 업무수행에
영향을 미친다는 것을 확인할 수 있죠.

다음은 내적방해요인인데요.

‘공상’ 또는 ‘잡념’이 이에 해당되죠.

머릿속에 떠오르는 생각은 떠올리지 않으려고 하면 할수록

더 생각나는 경향이 있는데요. 이러한 현상을 ‘반동효과’라고 합니다.

와그너라는 심리학자가 유명한 ‘흰곰 실험’을 통해 이 효과를 증명했는데요.
Wagner

실험 참가자들을 두 그룹으로 나눈 뒤,

A그룹에게는 5분 동안 흰곰에 대해 생각하도록 지시하고,

같은 시간 동안 B그룹에게는 흰곰에 대해 생각하지 않도록 지시했습니다.

두 그룹의 참가자들은 모두 흰곰에 대해 생각이 날 때마다

버튼을 눌렀는데요. 그리고 5분이 지난 뒤,

흰곰을 떠올리게 했던 A그룹에게는 다시 흰곰에 대해 생각하지 말 것을,

B그룹에게는 흰곰에 대해 마음껏 생각하기를 지시했습니다.

실험에서 흰곰에 대해 마음껏 생각했던 시간을 '표현회기'

생각을 하지 말아야 했던 시간을 '억제회기'라고 명명했는데요.

그 결과, 처음 흰곰에 대해 마음껏 생각하게 했던

A그룹의 경우 억제회기 때 B그룹보다 쉽게

흰곰에 대한 생각을 억제했던 반면,

처음부터 흰곰에 대한 생각을 억제해야 했던 B그룹은 그 후에 있었던

표현회기에서 처음 A그룹이 표현회기 때 흰곰을 생각했었던 횟수보다

더 많이 흰곰을 생각하고 종을 울렸습니다.

이 실험을 통해 생각의 억제는 오히려 억제된 생각에 집착하게 만들어 의도했던 것과 반대의 효과를 일으킨다는 것을 알 수 있는데요. 따라서 공상이나 잡념을 무조건 억제하려고 하기보다 적당히 표현하는 것이 더 효과적입니다.

공상이나 잡념을 효과적으로 다루는 방법으로는 이러한 생각이 들 때마다 종이에 표시하는 방법이 있는데요.

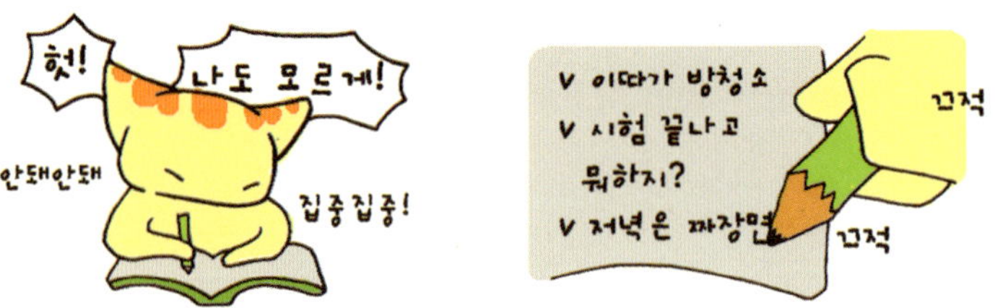

이렇게 표시를 함으로써

생각을 유지하거나 이어나가야 한다는 압력에서 벗어나,

주의를 다시 책으로 돌릴 수 있습니다.

처음에는 책 한 쪽을 읽는데도 수십 번씩 표시를 하게 되지만,

1~2주 뒤에는 잡념이 현저히 줄어들고

집중력이 향상되는 것을 확인할 수 있죠.

적혀진 메모들은 공부가 끝나고 쉬는 시간에

마음껏 생각해보아요~!

아이의 마음을 읽는 生生심리학

'칭찬은 고래를 춤추게 한다'는 말만 듣고

아이가 잘해도, 잘못해도 칭찬만 하고 있지 않은가.

칭찬은 고래는 물론 갓난아이도 춤추게 하지만,

하지만 무조건적인 칭찬은 때론 아이에게 오히려 독이 된다!

독이 되는 칭찬은 가려내고 나쁜 버릇 고치는

처벌의 기술을 익혀 아이와 진심으로 소통해보자.

칭찬은 갓난아이도 춤추게 한다

뉴욕의 한 교도소에서 일하던 유명한 심리치료사이자 저술가인

코시니 박사에게 어느 날 한 수감자가 찾아왔습니다.

R. Corsini

며칠 뒤 가석방된다는 그는 코시니에게

그동안 자신에게 있었던 변화에 대해 이야기하며

감사의 마음을 전했는데요.

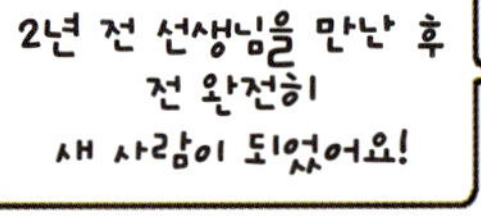

문제는 코시니는 그가 누군지 전혀 생각이 나지 않았다는 것이죠.

수감자가 말한 내용은 장기간의 상담을 통해서야만

이뤄낼 수 있는 성격과 행동의 변화였지만,

코시니는 아무리 기억을 더듬고 기록을 찾아봐도 2년 전

그에게 IQ검사를 했던 것 외에는 만난 적이 없었죠.

코시니의 질문에 그는 확신에 찬 얼굴로 대답을 했습니다.

코시니가 '어떤 말이었죠?'라고 묻자 그는

"선생님은 제 IQ가 높다고 말씀하셨어요."

라고 대답했습니다.

이처럼 사람의 성격이나 자존감은 다른 사람의 말에 큰 영향을 받는데요.

특히 아이들의 경우 자신들에겐 세상의 전부라고 할 수 있는 부모가

건넨 말과 행동에 맞춰 자신을 알아가고 행동하게 됩니다.

이러한 효과를 가장 대표적으로 보여주는 현상 중 하나가 바로

낙인효과인데요.

아이들에게 멍청이, 문제아 등의 꼬리표를 붙이고 그것을 반복하게 되면

아이는 자신을 부정적으로 인식하고,

부정적으로 인식된 자아상에 맞추어 행동하게 됩니다.

따라서 아이가 스스로 자신을 괜찮은 사람이라고 느낄 수 있도록

칭찬을 통해 긍정적 자아상을 심어주는 것이 중요한데요.

하지만 '최고야', '착하다' 식의 칭찬은 듣기에는 좋지만,

칭찬을 받는 이유가 모호하여

아이가 자신의 어떤 행동 때문에 칭찬을 받았는지 알아채기 힘듭니다.

따라서 칭찬을 해줄 때에는 구체적으로 칭찬받는 행동을 함께

언급하는 것이 아이의 이해와 행동의 변화를 이끌어내는 데 도움이 되죠.

또한 칭찬을 할 때 토를 달지 않는 것이 중요합니다.

칭찬을 할 때에는 칭찬에만 집중하여, 진심어린 표정과 행동으로

엄마의 마음이 잘 전달될 수 있도록 하는 것이 중요합니다.

아이들은 기본적으로

좋아하는 사람에게 인정받고 싶은 욕구가 있기 때문에

어떤 행동 때문에 칭찬받는 것인지, 진심이 담겨 있는 칭찬인지가

잘 전달되면, 아이의 행동은 크게 바뀔 수 있죠.

칭찬은 구체적으로, 진심을 담아 전하는 게

중요하다는 것을 기억하세요~!

좋은 소리도 넘치면 역효과

10분 뒤

또 10분 뒤

아무리 좋은 이야기도 지나치게 반복해서 듣게 되면

오히려 설득력이 떨어진다는 연구 결과가 발표되었는데요.

1979년 카시오프와 패티는 대학생들을 대상으로

설득과 관련된 실험을 실시했습니다. 실험에서 사용된 설득 내용은

학생들과 밀접하게 관련된 등록금 인상 문제와

학생들과 관련이 적은 사치세 부과에 대한 내용이었는데요.

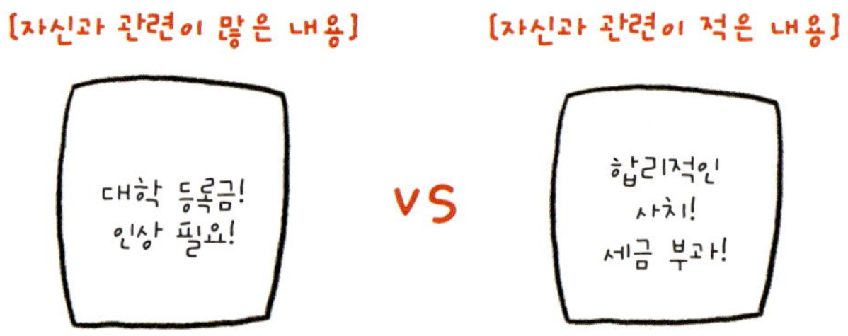

두 주제와 관련된 설득 내용을 학생들에게 반복적으로 제시한 결과,

학생들과 관련이 적은 사치세에 대한 내용이

학생들과 관련이 많은 등록금 인상 문제보다 더 설득이 잘 되었습니다.

실험 참가자들은 자신과 관련이 많은 문제일수록 쉽게 설득에 동조하기보단

좀더 비판적인 시선으로 바라보았죠. 그러나 두 메시지 모두 설득이

되풀이될수록, 설득에 동조하는 비율은 점차 낮아졌습니다.

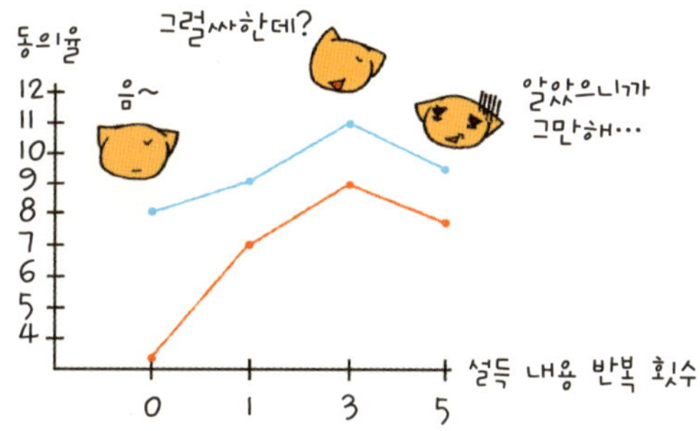

이처럼 어떠한 설득 내용이든, 내용이 좋든 나쁘든 지나친 반복은

설득력을 떨어뜨립니다.

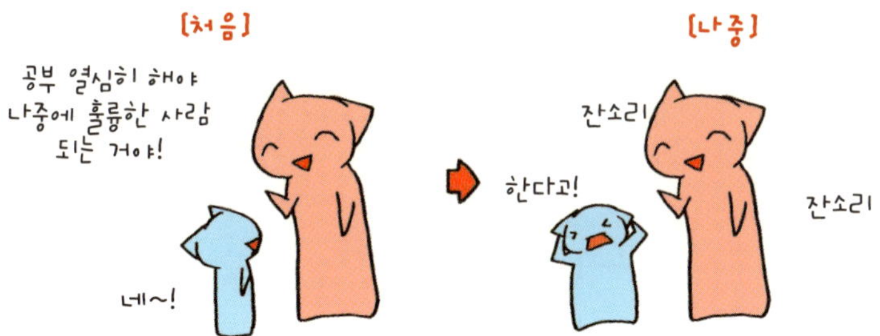

좋은 소리도 한두 번이라는 걸 기억하세요~!

아이를 통제하려면 '절대'란 단어를 사용하지 마라

[판도라의 상자]

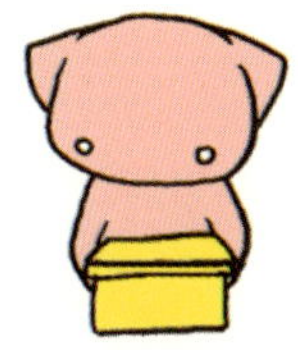

그러나

사람은 위협이 강할수록 금지된 것을 하고 싶어 하는

반발심리 역시 강해지는데요.

미국의 사회심리학자 레온 페스팅거와 메릴 칼스미스는

위협의 수준에 따라 행동이 얼마나 변화하는지를 관찰했습니다.

그들은 아이들에게 한 상자의 장난감을 준 뒤,

한 장난감만은 가지고 놀지 못하도록 주의를 주었는데요.

장난감에 대한 위협 정도는 약한 위협과 강한 위협으로 나뉘었습니다.

그 결과 약한 위협 조건과 강한 위협 조건의 아이들 모두

그 장난감은 가지고 놀지 않았는데요. 그러나 아이들이 금지된 장난감을

가지고 놀지 않았던 이유는 서로 달랐습니다.

그리고 몇 주 후 다시 아이들이 장난감을 가지고

노는 것을 관찰한 결과, 강한 위협을 받았던 아이들이 약한 위협을

받았던 아이들보다 금지된 장난감을 더 많이 가지고

노는 것을 관찰할 수 있었습니다.

이처럼 아동의 행동을 바꾸는 데 위협이 클수록

효과가 좋은 것은 아닌데요.

밀러의 또 다른 실험은 금지하는 말이나 위협보다

긍정적 언어가 아이의 행동을 통제하는 데

더 효과적이라는 것을 시사합니다. 실험은 주위를

잘 어지럽히는 아이들을 대상으로 이루어졌는데요.

아이들은 두 그룹으로 나뉘어 한 그룹은 훈계를,

다른 한 그룹은 긍정적 기대를 받았습니다.

그 결과 훈계 그룹과 기대 그룹 모두 그 순간은 어지럽히는 행동이

줄어들었습니다. 그러나 훈계 그룹의 아이들은 10일을 넘기지 못하고

다시 주위를 어지르기 시작한 반면, 긍정적인 기대를 받았던 아이들은

많은 시일이 지나도 과거에 비해 정돈된 상태를 유지했죠.

이처럼 아이들의 행동이나 태도 변화를

장기적으로 유지시키기 위해서는 강한 위협보다는 가벼운 경고나

긍정적 언어를 사용하는 것이 더 효과적입니다.

아이의 행동을 장기적으로 바꾸고 싶다면 긍정적 언어를 사용하세요~!

잘못을 지적하고 싶다면, 칭찬도 함께 하라

남에게 싫은 말 하고 싶은 사람은 없지만,

살다 보면 종종 상대방의 잘못이나 단점을 지적해야만 하는

상황이 생기는데요. 상대방의 나쁜 점을 말하면서도 좋은 관계를

유지할 수 있는 현명한 지적 방법에 대해 알아보기로 해요.

사회심리학자 엘리어트 애러슨과 다윈 린더는

호감에 대해 한 가지 실험을 실시했는데요. 이들은

80명의 실험 참가자를 모집하여 서로 개인에 대한

평가를 하도록 지시했습니다. 그러나 이들 중 절반은

미리 실험자와 짠 가짜 참가자들이었죠.

실험 과정에서

진짜 참가자와 가짜 참가자는

서로 7차례 대면하게 되는데요.

대면할 때마다 가짜 참가자는 진짜 참가자의 인상에 대한 평가를

진짜 참가자에게 말해줍니다. 물론, 인상에 대한 평가는 미리 실험자가

조작한 네 가지 유형 중 한 가지를 말하는 것이었죠.

1. 처음부터 끝까지 긍정적으로 말하기

2. 처음부터 끝까지 부정적으로 말하기

3. 처음엔 긍정적으로 말하다 점차 부정적으로 말하기

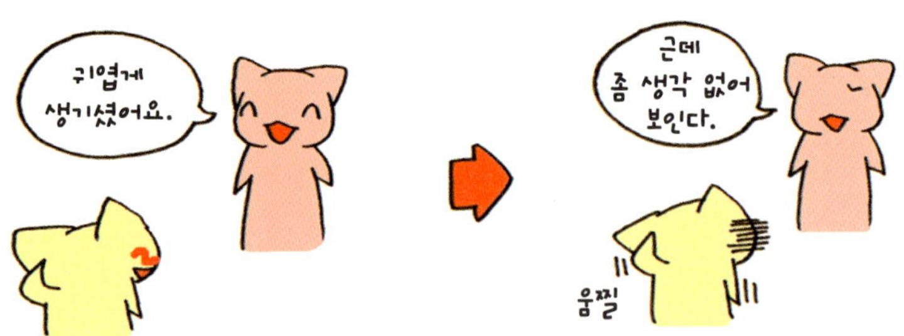

4. 처음엔 부정적으로 말하다 점차 긍정적으로 말하기

그 후, 진짜 참가자에게 가짜 참가자에 대한 호감도를 평가했는데요.

그 결과 처음부터 일관되게 긍정적인 평가를 받은 경우보다

부정적인 평가에서 점차 긍정적인 평가로 바뀌었을 때

상대방에 대한 호감도가 훨씬 높았고, 반대로 처음부터 일관되게 부정적인

평가를 받은 경우보다 긍정적인 평가에서 점차 부정적인 평가로 바뀌었을 때

상대방에 대한 호감도가 훨씬 낮았습니다.

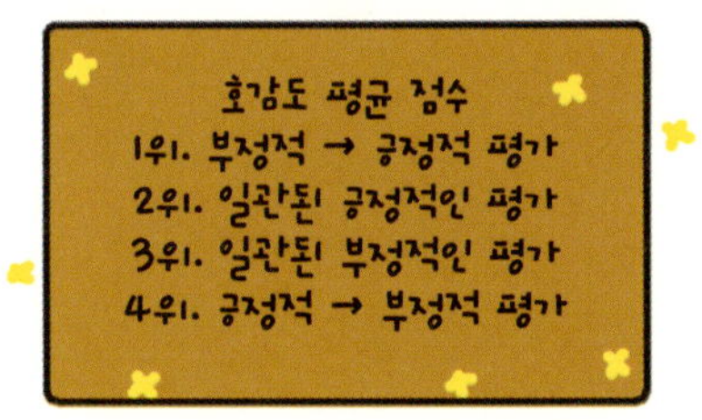

긍정적인 평가 후 바로 부정적인 평가를 하는 것은

뒤의 부정적인 평가가 지속되어 이전의 긍정적인 평가마저도 왜곡되는 반면,

부정적인 평가 후 바로 긍정적인 평가를 하는 것은

뒤의 긍정적인 평가가 지속됨으로써 이전의 부정적인 평가마저

신뢰할 수 있는 지적으로 인식되기 때문입니다.

이러한 경우는 일상생활에서도 자주 겪을 수 있죠.

[부정 – 긍정의 경우]

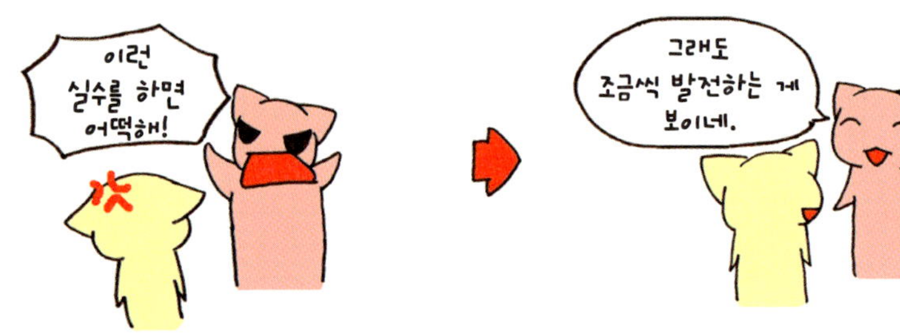

[긍정 – 부정의 경우]

누군가의

잘못이나 단점을 지적해야 한다면

지적한 후에는 항상 좋은 면도 같이

칭찬해주세요.

호감을 바탕으로 한 지적이라면,

상대도 신뢰를 가지고 받아들일 거예요.

[x]

[0]

나쁜 버릇 확실히 고치는 처벌의 기술

무작정 때리는 체벌이 좋지 않다는 것은 교육에 관심이 있는 사람이라면

어느 정도 알고 있는 사실입니다.

[체벌의 부작용들]

1. 아이가 상황을 피하고 도망갈 생각만 하게 함.

잘못을 반성하고 뉘우치기보다 체벌 상황을 피하기 위해 건성으로 대답함.

2. 부모를 무서워하고 원망하게 됨.

때리는 부모가 무서워 슬슬 피하게 되거나 밉다고 생각하여 반항적이 됨.

3. 공격성 증가

잘못하면 때리는 게 당연하다고 생각하여

다른 아이와 문제가 생기거나 마음에 들지 않으면 때림.

이처럼 체벌은 다양한 부작용을 일으켜 많은 전문가들이 지양하는 편인데요.

하지만 아이를 키우면서 처벌이 꼭 필요한 경우가 있습니다.

어떻게 하면 효과적으로 아이를 바로잡을 수 있을까요?

하나. 잘못했을 때 즉시 처벌하기

처벌은 아이가 잘못된 행동을 하려 하거나

잘못된 행동을 하고 있는 동안에 이루어지는 것이 가장 좋습니다.

현재 하고 있는 일과 처벌이 가장 강하게 연결될 수 있기 때문이죠.

피치 못할 상황에서 처벌이 늦게 이루어질 경우,

아이에게 반드시 아이가 혼나는 이유를 설명해줘야 합니다.

둘. 처벌할 때에는 단호하게 행동하기

강하고 큰 목소리로 처벌하는 것이,

부드럽게 타이르는 것보다 효과가 좋은데요.

하지만 도가 지나친 처벌은 처음의 예처럼 오히려 역효과를 낳게 됩니다.

아이에게 잘못했다는 말을 계속 반복하도록 다그치는 것도

좋지 않은 방법이죠.

부모가 이미 아이의 잘못을 확정지은 상태에서

이러한 질문을 계속하는 것은 아이에게 오히려 반항심이 들게 할 수

있습니다. 따라서 처벌을 할 때에는 장난스러운 태도나 지나치게 강압적인

태도가 아닌 단호한 태도로 자신의 행동이 잘못되었다는 것을

충분히 인식할 수 있게 해야 합니다.

셋. 일관성 있게 처벌하기

처벌은 아이가 잘못된 행동을 할 때마다 일관성 있게 이루어져야 합니다.

엄마의 기분에 따라 처벌이 이루어졌다 않았다 하면

아이는 잘못된 행동을 하지 않으려 하기보단

잘못된 행동을 하기 전에 엄마의 눈치를 보게 되죠.

넷. 처벌 상황 외에는 온화하고 수용적인 부모 되기

아이는 냉정하게 거리를 두면서 자신을 평가하고 거의 받아주지 않는

처벌자보다는, 온화하고 상냥하면서 자신이 바르게 행동하면

자신을 받아주는 사람의 처벌에 대해 더 잘 반응합니다.

다섯. 체벌 이외의 대안을 생각해보기

처벌의 방법에는 아이의 신체를 때리는 체벌 이외에도 다양한 방법이

있습니다. 그중 대표적인 것이 바로 '타임아웃(time-out)'이라는 기법인데요.

타임아웃이란 아이가 잘못을 했을 때 활동을 잠시 중단시키고 친구나

가족으로부터 격리된 장소에서

자신의 행동을 돌아보게 하는 처벌 방법입니다.

타임아웃의 시간은 3~5분 정도가 적당한데요.

타임아웃을 너무 오래 시켰을 경우 자신의 잘못을 생각하기보다

자신을 장시간 가두는 것에 대해 분노하게 되기 쉽죠.

타임아웃 시간 동안 빈정대거나 계속해서 비난 혹은 설교를 하는 것 역시
아이가 자신의 행동에 대해 생각하는 것을 방해합니다.
타임아웃 시간이 지나면, 아이에게 자신이 왜 거기 가게 되었는지를 다시
설명하고 아이를 다독여주는 것이 좋습니다.

이외에도 아이가 잘못했을 때, 컴퓨터 같은 좋아하는 행동을 당분간
금지시키는 등의 보상이나 특권을 회수하는 방법도 있는데요.
이러한 대안 처벌을 생각할 때 많은 부모들이 저지르는 실수는, 아이가
좋아해야 할 행동을 처벌에 이용하는 것입니다.

피아노 치기나 책읽기, 공부 등 아이가 즐겁게 해야 할 좋을 행동을
처벌로 이용함으로써 아이에게 그 행동을 억지로 해야만 하는 과제로 만드는
것이죠. 따라서 이러한 일들은 처벌로써 이용하지 않는 것이 바람직합니다.

여섯. 이유를 설명해주기

아이를 처벌하면서 부모들이 흔히 범하는 또 다른 실수는

아이가 잘못하는 즉시 처벌하긴 하지만, 그 행동이 왜 잘못된 것인지

제대로 설명해주지 않는다는 것입니다.

실제로 모든 형태의 처벌은 특정 행동이

왜 잘못된 것인지를 설명해주고 앞으로 그 행동을 자제할 수 있도록

도와줄 때 더욱 효과적으로 작용합니다.

따라서 아이를 처벌할 때에는 무엇이 잘못된 행동인지,

그리고 그 행동이 왜 잘못된 행동인지를 아이가 이해할 수 있도록

설명해주는 것이 가장 중요합니다.

일곱. 대안행동을 제시해주기

아이가 잘못된 행동을 했을 때

부모가 그 행동을 대신할 다른 행동을 제시해주면

아이에게 무엇이 잘못된 행동인지뿐만 아니라

어떻게 행동해야 하는지까지 가르쳐줄 수 있어

잘못된 행동이 반복되는 것을 예방할 수 있습니다.

아이를 도울 수도, 망칠 수도 있는 처벌!

처벌의 목적은 부모의 감정을 해소하는 것이 아닌

아이의 잘못된 행동을 바로잡고 도움을 주기 위한 것이라는 것을

항상 기억하세요~!

✔ 타임아웃(time-out)

아이가 잘못을 했을 때 격리된 장소에서 자신의 행동을 돌아보게 하는 처벌 방법. 시간은 3~5분 정도가 적당하고, 타임아웃 동안에는 설교를 하지 않아야 하며 끝나면 아이에게 잘못을 다시 설명해주고 다독여주는 것이 좋다.

아이는 어른들의 기대만큼 성장한다

그리스 로마 신화에 피그말리온이라는

유명한 조각가 이야기가 나오는데요.

그는 자신이 조각한 아름다운 여인상과 사랑에 빠지게 되었습니다.

그는 자신이 만든 조각상을 지극정성으로 보살피며 매일같이

신에게 조각상이 진짜 인간이 될 수 있도록 간청했는데요.

결국 그의 정성에 감동한 아프로디테가 그의 소원을 이루어주었고

마침내 그는 사람이 된 그의 조각상과 결혼하여 행복하게 살았답니다.

이렇게 피그말리온의 기대와 관심이

조각상을 진짜 사람으로 바꿔놓은 것처럼

자신이나 타인의 기대대로 결과가 나타나는 현상을

'피그말리온 효과'라고 하는데요.

1968년, 하버드대학교 사회심리학과 교수인 로버트 로렌탈과

초등학교 교장이었던 리노어 제이콥슨은

한 초등학교에서 전교생을 대상으로 지능검사를 실시했습니다.

그리고 그 결과와 상관없이

무작위로 몇 명의 아이들을 선발했는데요.

선발된 아이들의 명단은 담임선생님에게

'뛰어난 학업 향상이 기대되는 학생'들로 기록되어 넘겨졌습니다.

담임을 속이는 거짓 실험인 것이었죠.

그리고 8개월 후,

이전의 지능검사를 실시했던 학생들을 대상으로

또 다시 지능검사를 실시한 결과

'뛰어난 학업 향상이 기대되는 학생'의 명단에 들었던 학생들은

다른 학생들에 비해 성적이 크게 향상되었습니다.

왜 타인의 기대만으로도 실제 능력 향상이 가능한 것일까요?

그 이유는 바로 인간은 자신에 대한 '기대'에 따라

태도나 행동이 무의식적으로 달라지기 때문인데요.

실험에 참가한 교사들은 자신이 전혀 차별하지 않았다고 생각했지만

관찰 결과, 명단에 포함된 아이들과 다른 아이들을 대할 때

자신의 기대에 따라 표정이나 말투, 행동이

조금씩 달랐던 것으로 나타났습니다.

아이에게 기대와 관심을 가져보세요.

피그말리온의 기적처럼, 당신의 관심이 멋진 기적을 낳을 거예요.

 피그말리온 효과(Pygmalion Effect)

누군가에 대한 사람들의 믿음이나 기대가 그 대상에게 실제로 실현되는 현상.

자기 자신에게 스스로 갖는 믿음 역시 이러한 효과를 일으킬 수 있다.

피드백만 제대로 해도
아이의 성적과 성격이 바뀐다

시끄럽게 떠들어도

반에서 일등을 해도

재롱을 부려도

아무런 반응이 없다면 어떨까요?

어떤 행동에 대한 반응, 즉 피드백은 상대방의 행동에 중요한 영향을
미치는데요. 피드백을 통해 개인은 자신의 행동을 평가할 수 있고,
이를 통해 실수는 고치고 좋은 행동은 더 증진시킬 수 있죠.

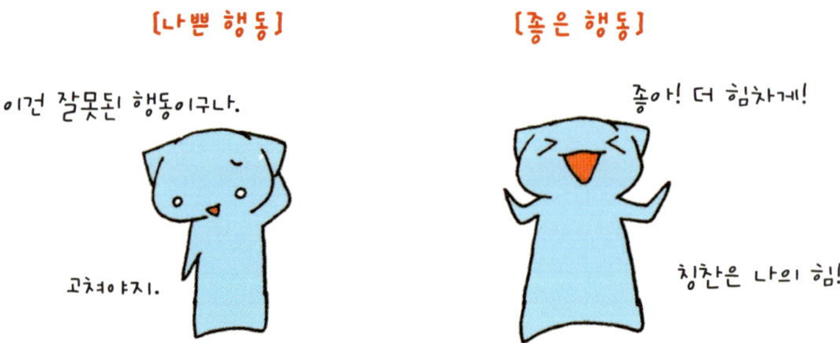

피드백은 크게 네 가지로 나눌 수 있습니다.

지지적 피드백, 교정적 피드백, 학대적 피드백, 무의미한 피드백이 그것인데요.

각각의 피드백이 어떤 결과를 가져오는지 알아볼까요?

하나. 지지적 피드백

지지적 피드백은 칭찬처럼 반복되기를 원하는 행동을 격려하여 강화하는

것입니다. 이를 통해 상대방도 자신의 행동이 좋은 행동이었음을 알게 되고

자부심을 가지며 그 행동을 지속하죠.

둘. 교정적 피드백

교정적 피드백은 행동을 변화시키고자 할 때 사용할 수 있습니다.

이 과정을 통해 상대는 자신의 행동에 대해 생각하고

바로잡을 수 있는 기회를 가질 수 있습니다.

이러한 교정적 피드백을 잘못 사용하면 학대적 피드백이 될 수도 있죠.

셋. 학대적 피드백

학대적 피드백은 문제행동 자체를 지적하기보다

아이의 인격을 비난하는 형태의 피드백입니다.

이는 교정적 피드백처럼 아이의 행동을 변화시키고자 한 행동일 수 있지만

아이의 자신감을 낮추고 오히려 문제행동을 일으키거나

수행이 저하되는 등 부정적인 결과를 일으킬 수 있습니다.

넷. 무의미한 피드백

무의미한 피드백은 말 그대로 상대방에게

거의 영향을 미치지 않는 피드백을 뜻합니다.

사람들은 이를 지지적 피드백으로 생각하고 사용하지만

결과적으론 아무런 영향도 미치지 못하는데요.

우리가 주로 사용하는 무의미한 피드백의 양상은 다음과 같습니다.

이러한 피드백의 경우 칭찬을 사용하여

일시적으론 아이에게 좋은 영향을 미칠 수는 있지만

피드백의 초점이 명확하지 않아 그 이상의 발전은 어렵게 되죠.

보다 효과적인 결과를 얻기 위해서는

다음과 같은 체계적인 피드백 과정이 필요합니다.

하나. 구체적인 행동 설명하기

둘. 결과 설명하기

셋. 행동에 대해서 어떻게 느꼈는지 설명하기

넷. 왜 그렇게 느꼈는지 설명하기

이러한 단계를 통해 아이는

자신의 어떤 행동이 좋은 행동이었는지를

구체적으로 알게 되고 더 노력하게 됩니다.

교정적 피드백 역시 이와 같은 단계로 진행될 수 있습니다.

바로 교정하고자 하는 행동과 반대되는 행동을 했을 때

칭찬, 즉 지지적 피드백을 해주는 것인데요.

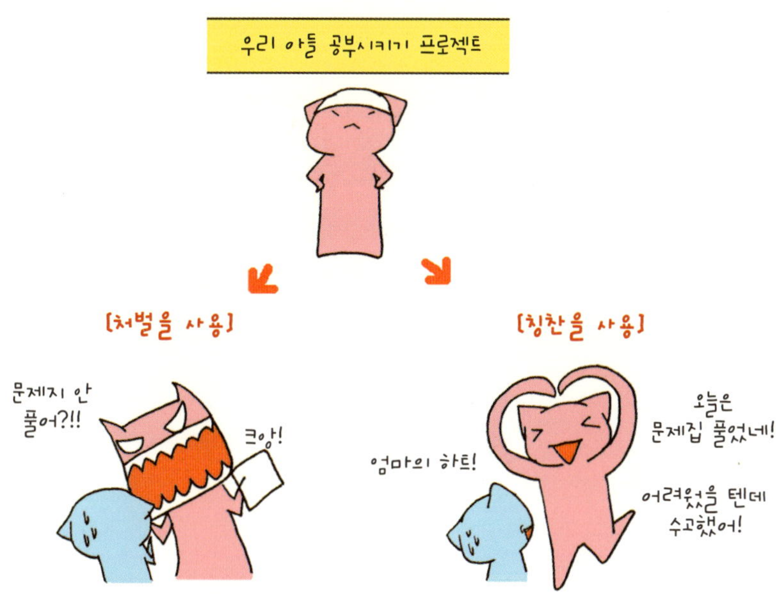

어느 쪽이 더 장기적으로 효과적일지 감이 오시나요?

처음부터 바로 처벌을 사용할 경우, 단기적으로는 금세 행동이 변하겠지만 부모에 대한 공포나 적대심, 그리고 공부에 대한 거부감 등 많은 부작용을 일으킬 수 있습니다. 하지만 지지적 피드백을 사용했을 경우, 처음엔 효과가 더디더라도 보다 안정적으로 공부와 가까워질 수 있죠.

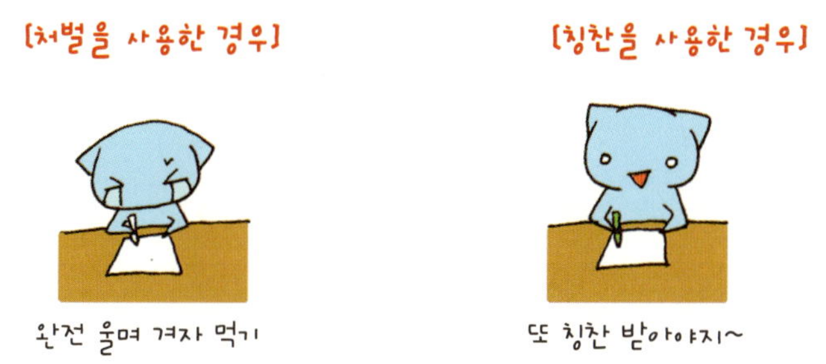

이러한 지지적 피드백만으로도
아이들의 행동을 대부분 효과적으로 바로잡을 수 있습니다.
하지만 이러한 방법을 사용했음에도 계속 문제가 지속된다면
아이 스스로 문제를 느끼고 해결책을 생각하도록 유도합니다.

당연히 일방적인 훈계나 처벌을 가했을 때보다 결과가 좋겠죠?

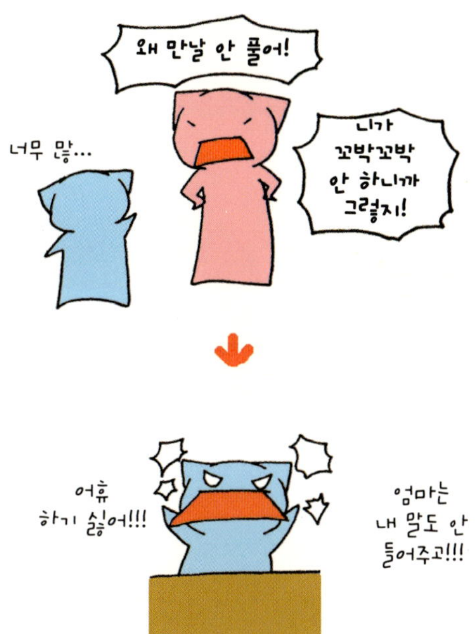

이러한 약속 후에도 계속 문제가 지속된다면

부모가 한계선을 긋고

적절한 규율을 세움으로써

아이를 이끌어주는 것이 필요합니다.

하지만 대개의 문제는

지지적 피드백만으로도 충분히 해결될 수 있기 때문에

처음 한동안은 지지적 피드백을 사용하는 것이 좋습니다.

아이의 행동을 바꾸는 말, 피드백.

지지적인 피드백을 통해 좋은 행동은 키우고,

나쁜 행동은 바로잡아보세요.

당신의 말 한마디가

아이의 행동을 변화시키는 데 가장 큰 힘이 됩니다.

때론 상을 준다는 말이 아이의 의욕을 저하시킨다

한적한 마을에 홀로 살고 있는
노인이 있었습니다.
노인은 조용하게 혼자 있는 시간을
좋아했는데요.

언제부턴가 노인의 집 앞 공터가
조금씩 시끄러워지기
시작했습니다.

공터에는 해바라기 밭이 있었는데, 동네
아이들이 그 해바라기를
가지고 노는 것을 좋아해 그곳이
아이들의 놀이터로 바뀌게 된 거죠.

화를 내고 쫓아보기도 했지만 언제나 그때뿐,

아이들은 계속해서 그 공터로 모여들었습니다.

참다못한 노인은 한 가지 묘안을 생각해냈는데요.

노인은 공터에 놀러온 아이들을 불러 한 가지 제안을 했습니다.

"너희가 노는 모습이 정말 보기 좋구나.

앞으로 이곳에서 놀 때마다 1달러씩 주마."

아이들은 호랑이 같던 할아버지가

갑자기 변한 것에 대해 어리둥절했지만

정말로 1달러를 받게 되자 신이 나서 더 열심히

공터에서 놀기 시작했습니다.

그리고 며칠 후, 노인은 그 날도 공터에서 신나게 놀고 있는

아이들을 불러 다시 이야기를 했습니다.

"얘들아, 이제 너희들을 챙겨주기엔 돈이 부족하구나.

앞으로는 50센트씩 주도록 하마."

그러자 아이들은 잔뜩 불만 어린 표정으로 말했습니다.

"50센트라뇨! 그런 돈을 받고는 이 공터에서 놀지 않겠어요!"그 뒤로

아이들은 공터에 오지 않았고,

덕분에 노인은 편안히 노후를 즐길 수 있었습니다.

아이들은 왜 그토록 좋아하던 공터에 더 이상 오지 않게 된 걸까요?

이는 '내적 동기'와 '외적 동기'로 설명할 수 있는데요.

내적 동기란 활동 자체에서 오는 만족과 즐거움 때문에

행동을 수행하게 되는 내부적이고 능동적인 힘을 말하며,

이와 반대로 외적 동기는 활동함으로써 받게 되는 칭찬이나 상 때문에

행동을 수행하게 되는 외부적이고 수동적인 힘을 뜻합니다.

처음 아이들이 공터에서 놀았을 때는

'공터에서 노는 것' 자체가 즐거웠기 때문에 계속해서 놀이를 즐겼지만,

노인이 그 행동에 '돈'이라는 상을 줌으로써 공터에서 노는 이유가

'즐거움'이라는 내적 동기에서 '돈'이라는 외적 동기로 점차 바뀌게 된 거죠.

결국 '돈'이라는 외적 동기가 줄어들게 되자

공터에서 놀고자 하는 마음도 자연스레 줄어들게 됐죠.

이러한 효과는 M.R. Letter 레터가 보육원 아동을 대상으로 한

그림 그리기 실험에서도 검증되었습니다.

레터는 아이들을 두 그룹으로 나누어

A그룹에게는 '그림을 그리면 상을 주겠다'고 미리 알려주었고

B그룹에게는 아무 말 없이 그림을 그리게 했습니다.

그 후, 두 그룹의 아이들 모두에게 상을 주었는데요.

1주일 뒤, 실험에 참가했던 아이들이 얼마나 자주 그림을 그리며 노는지

관찰한 결과, A그룹의 아이들은 실험 전보다

그림을 그리는 행동이 줄었고, 반대로 B그룹의 아이들은

오히려 전보다 더 많이 그림을 그리게 되었습니다.

일주일 후

왜 A그룹의 아이들은 그림 그리기에 흥미를 잃은 것일까요?

바로, 그림 그리기가 '좋아하는 일'에서 

'상을 받기 위한 일'로 바뀌었기 때문이죠.

따라서 아이가 좋아하는 일에는 상을 약속하지 말고,

반대로 고쳐주고 싶은 나쁜 버릇에 상을 주세요.

'동기' 바꾸기로 아이의 행동을 조절할 수 있답니다.

아이의 버릇을 고치는 방법!

꼭 '매'만 있는 것은 아니죠?

살을 빼려면 TV를 끄세요

위 그림에서 다이어트 중인 사람이 가장 먼저 제거해야 할 것은 무엇일까요?

정답은 바로

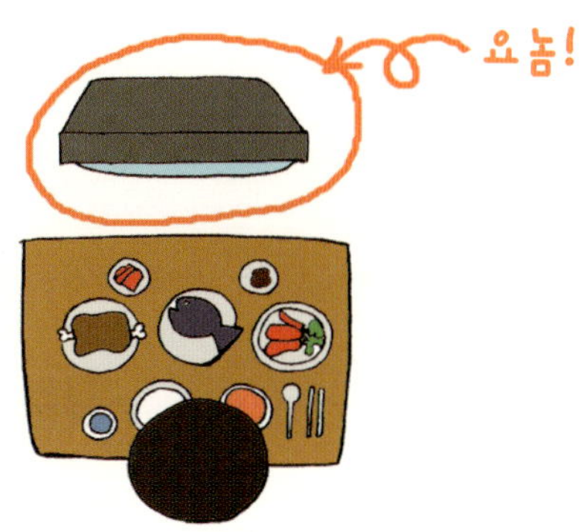

TV! 인데요.

사실 많은 집이 TV를 켜놓고 식사를 하는 경우가 많습니다.

그러나 이처럼 TV 앞에서 음식을 먹는 습관은

뇌가 보내는 포만감 신호를 놓칠 가능성을 크게 증가시킵니다.

이와 관련하여 영국 BBC 건강 다큐멘터리에서 '로즈'라는

과체중인 여자아이를 대상으로 TV를 볼 때와 보지 않을 때,

식사량의 차이를 관찰했습니다.

그 결과 로즈는 자신이 좋아하는 TV 프로그램을 보며

피자를 먹을 때는 13조각의 피자를 먹었고,

TV를 보지 않고 식사만 했을 때에는 10조각에 그쳤죠.

또한 미국의 한 초등학교에서 300명의 아동들을 대상으로

식습관을 조사한 결과, 42%의 아동이 밥 먹으면서 TV를 본다는 결과가

나왔는데요. 이 중 과체중인 아이들의 50%가 여기에 속했고,

반대로 정상 체중인 아이들의 경우는 25%만이 여기에 속했습니다.

이처럼 TV를 보며 식사를 하는 습관은

자신도 모르게 과식을 유도합니다.

얼마 전 한국에도, 오로지 식사에만 집중할 수 있도록

불을 끄고 깜깜한 곳에서 식사를 즐기는

암흑 레스토랑이 입점했다고 하는데요.

어둠 속 식사가 아니더라도,

이제부턴 TV나 컴퓨터 앞이 아니라 식탁에 앉아

오로지 맛있는 식사만을 즐기는 건강한 식습관을 가져보는 건 어떨까요?

아이의 스트레스와 무기력에는 엄마 아빠의 노래가 특효약이다

각 나라마다 고유의 자장가가 있는데요.

실제로 엄마가 불러주는 '노래'는 엄마가 하는 '말'보다

아이의 주의력을 높이고

스트레스를 낮춘다는 연구 결과가 있습니다.

2004년 나카타와 트레허브 연구팀은

생후 6개월 된 아기들에게 엄마가 하는 말과 노래를

녹화한 비디오테이프를 보여주었습니다.

그 후 아기가 각각의 화면을 응시하는 시간을 측정함으로써
아이가 말과 노래 중 어느 것에 더 흥미를 가지고
주의를 집중하는지를 조사했습니다.

그 결과 아기들은 화면의 엄마가 말을 할 때보다 노래를 부를 때
움직임을 멈추고 더 많이 집중했습니다.

더 나아가 트레허브와 셴필드는 아기의 침에서
T. Shenfield

주의와 긴장을 유발하는 호르몬 코르티솔(cortisol)의 양을 측정한 결과,
엄마의 노래가 코르티솔 양이 높았던 아기는 진정시키고,
코르티솔 양이 낮았던 아기는 보다 주의를 높이고 활발하게 만들었죠.

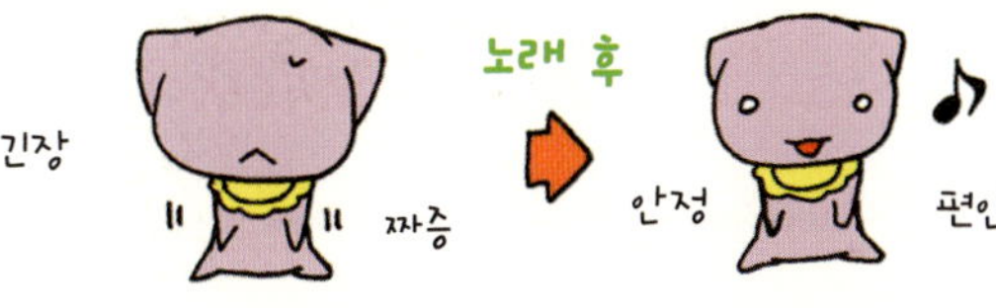

또한 트레허브의 또 다른 실험 결과,

아기는 엄마가 노래를 부를 때보다

아빠가 노래를 부를 때 더 많은 관심을 나타냈습니다.

스트레스 받은 아기에겐 안정을,

무기력한 아기에겐 즐거움을 주는 엄마 아빠의 노래!

노래를 통해 아기의 주의력도 높이고 가족 간의 친밀감도 다져보세요~!

아이의 사회성을 확 높여주는 쑥쑥 심리학

동생 한 명만 낳아달라고 사정하더니

동생이 태어난 뒤 질투심으로 활활 타오르는 첫째,

학교에만 가면 친구들과 잘 어울리지 못하고

혼자서 따로 놀고 있는 막내,

과연 우리 아이들이 사회에서 잘 적응할 수 있을까

노심초사하는 엄마, 아빠들은 모두 주목!

짜증나!

화목한 가정의 아이들이 애착관계가 뛰어나다

둥근 해가 떴습니다♬

자리에서 일어나서~

세수하고 이빨 닦고

밥 차리고 애들 깨우고 남편 깨우고

회~사에 갑니다♬

많은 여성들이 직장일을 하는 요즘!

더 이상 여성에게만 육아를 책임지게 하는 것은 불공평한 일인데요.

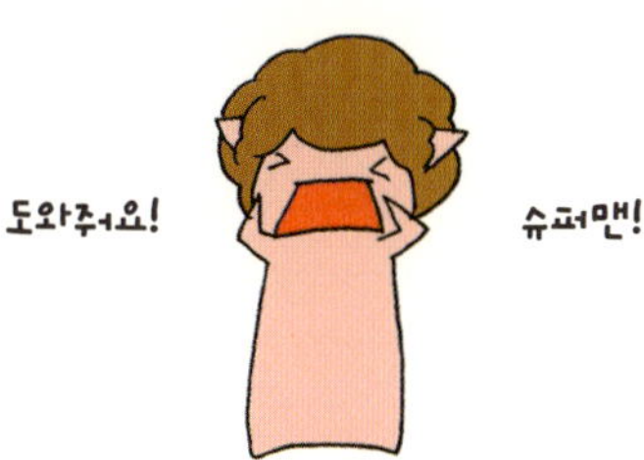

이럴 때 큰 힘이 되는 사람은 다름 아닌 남편과 아이입니다.

램은 호주, 미국, 일본 등 여러 나라에서 진행한 연구 결과, 아이에 대한

엄마, 아빠의 역할이 각기 다르다는 사실을 알아냈습니다.

엄마는 주로 아이와 '까꿍 놀이'와 같은

전형적인 놀이나 규칙, 순서를 익히는 놀이를 하는 반면,

아빠는 주로 비행기 놀이같이 신체를 자극하고 규칙을 깨거나 변형하는

창의적인 놀이를 하는 경향이 나타났습니다.

버슈에렌과 마르코의 조사에 따르면

엄마뿐만 아니라 아빠와 단단한 애착관계를 형성한 아이는

낯선 상황에서도 다른 아이들보다 덜 불안하고 덜 위축되며,

보다 도전적인 모습을 보였죠.

아이와의 긴밀한 애착관계가 형성되려면

같이 보낸 시간이 얼마나 기냐보다

얼마나 즐겁게 놀아주었느냐가 중요합니다.

더불어 형제자매가 있는 아이들의 경우,

큰 아이는 작은 아이를 돌보고 가르침으로써

작은 아이의 발달을 도울 뿐만 아니라,

자신의 학습능력도 높일 수 있습니다.

노먼–잭슨의 실험에 따르면,

학교 놀이를 통해 나이 든 형제에게 글자를 배운 아이의 경우

읽기를 더 쉽게 배웠으며, 폴허스와 셰이퍼의 조사에 따르면,

또래나 동생을 가르친 경험이 있는 아이들이 경험이 없는 아이들에 비해

학업 성적과 성취 검사에서 더 높은 점수를 받을 수 있었죠.

가족 속 든든한 아군들!

가정의 행복은 누구 한 사람의 노력이 아니라

가족 모두가 함께 노력해야 한다는 것을 기억하세요~!

모두 다 함께!

위급상황에 도움을 받으려면 정확히 한 사람을 지목하라

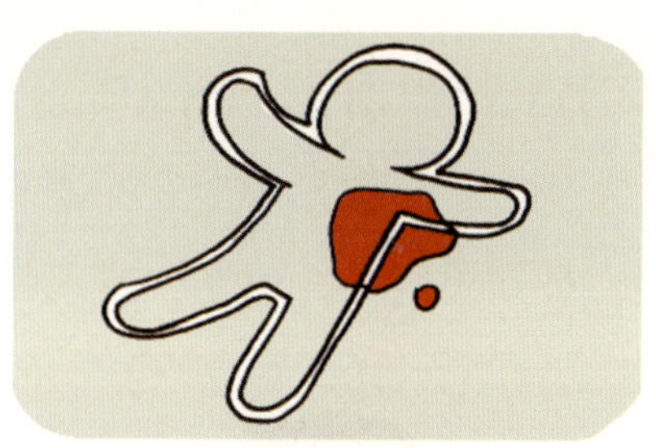

1964년 3월, 미국 뉴욕 주 퀸스 지역 도로에서 캐서린 제노비스라는

20대 후반의 여성이 살해당한 사건이 발생했는데요. 충격적이었던 것은

살인사건이 발생했을 당시 살해당하는 과정을 주변 집 창가에서 38명이나

목격하고 있었고, 그녀가 35분 동안 필사적으로 소리치며

도움을 요청했음에도 불구하고 도움을 주기는커녕

단 한 사람도 경찰에 신고하지 않았다는 것입니다.

이 사건으로 인해 뉴욕 시는 엄청난 충격에 휩싸였고,

매스컴은 살해 현장을 구경만 할 뿐 아무런 조치도 취하지 않은 주민들의

행동을 지적하며 각박해진 현대사회의 몰인정을 비난했습니다.

살인사건에 대한 방관적인 행동에 대해

38명의 목격자들에게 수많은 질문들이 쏟아졌지만 목격자들은 한사코

"진짜 위험한 상황인지 몰랐다."

"다른 사람이 신고했을 줄 알았다." 등의

무책임한 대답만을 되풀이했을 뿐입니다.

왜 이런 일이 벌어진 걸까요?

이러한 현상에 의문을 품은 J.M. Darley 달리와 B. Latane 라타네라는 심리학자는

이 사건과 비슷한 상황을 설계하여 실험을 실시했습니다.

그는 도시 생활 적응도를 연구하는 실험으로 가장해서

학생들을 모집했고, 모집된 학생들은 격리된 방에 혼자 앉아

마이크와 스피커를 통해 2분 동안 뉴욕대학교에서 생활하며

어려웠던 점을 털어놓도록 했죠.

하지만 사실 스피커에서 나오는 소리는

옆 방 학생이 말하는 소리가 아니라 실험을 위해

미리 녹음된 소리였는데요. 스피커에서는 얼마간

대학생활에 대한 이야기가 나오다가 어느 순간부터

발작을 일으키는 소리로 바뀌었습니다.

약 6분간 발작을 일으키며 도움을 요청하는 소리가 지속되다가

마지막에는 목이 졸리는 듯한 소리가 나고, 그 후엔

아무 소리도 들리지 않게 되었죠. 이러한 상황에서

6분 동안 몇 명의 학생들이 도움을 주기 위해 방을 뛰쳐나왔을까요?

실험 결과, 학생들은 자신과 간질환자

단 둘만 있다고 느꼈을 때는

85% 이상이 3분 안에 조치를 취하기 위해

방을 뛰쳐나왔으나,

자신 외에도 도움을 줄 수 있는 사람이

4명 이상 있다고 느꼈을 때는 70%의 사람들이

6분이 다 지나도록 아무런 도움을 주지 않았습니다.

이러한 현상을 '방관자 효과'라고 하는데요

사건을 목격한 사람이 많을수록 군중들 간에 책임감이 분산되어

개인이 느끼는 책임감이 적어지는 현상입니다.

실험에 참가했던 학생들 역시 간질환자가 도움을 요청하는 소리에

혼란스럽고 괴로웠지만 책임감 분산효과로 인해 결국

'누군가가 도와주겠지'라는 판단을 하게 된 것이죠.

이러한 '방관자 효과' 외에 '상황의 불확실성' 역시 원인이 되는데요.

누군가 거리에 쓰러져 있는 상황을 가정해볼까요?

처음 그 상황을 목격한 사람들은 그 상황이

도움이 필요한 '위기상황'인지 확실히 판단하지 못하는데요.

이렇게 애매한 상황을 판단하기 위해서 사람들은

주변 사람들의 반응을 살피게 됩니다.

그러나 주변 사람 역시 상황을 잘 알지 못하기 때문에

그 상황에 대한 정보를 얻기 위해 특별한 대처행동 없이

똑같이 타인의 행동을 살피거나 무관심하게 되죠.

결국 사람들은 서로 아무런 대처행동을 하지 않는 것을 보고

그 상황을 도움이 필요 없는 상황이라고 판단하고 외면하게 됩니다.

따라서 발작이나 교통사고 등 도움이 필요한 상황이 발생했을 경우

'누군가 도와주겠지'라는 생각으로 막연히 기다리면 구경꾼만

늘어날 뿐 즉각적인 도움을 받기 힘듭니다.

도움을 청할 대상을 정확히 지목하고

자신의 위기상황을 직접적으로 알리는 것이

신속하고 효과적으로 도움을 받을 수 있는 행동입니다.

특히 누군가의 도움이 꼭 필요한 아이들에게는

이러한 것을 꼭 숙지시켜주세요~!

동생과 사이좋은 관계로 지내게 하는 방법

혼자서도 곧잘 놀지만, 가끔은 쓸쓸해 보이는 우리 아이.

하지만 이제 이렇게 사랑스런 동생이 생겼으니 외롭지 않을 거야!

언제나 서로 이끌고 믿는

그런 남매가 되렴!

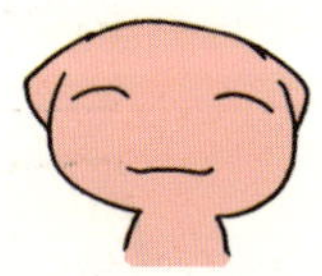

라고 생각했는데….

형제자매간에 우애 있게 지내는 것은

기대만큼 쉬운 일이 아닌데요.

동생이 새로 생긴 아이의 속마음을 살펴볼까요?

집안의 관심과 사랑을 독차지하던 나

그런데 어느 날 '동생'이라는 이름으로

엄마는 새로운 아이를 데려왔고

내게서 점점 멀어져간다.

급기야 내 물건들까지!! 엄마의 사랑과 내 물건까지 몽땅 뺏어가는 저 녀석!

전쟁이다!!!

큰 아이가 이처럼 동생을 적으로 느끼지 않도록 하기 위해선,

큰 아이와 동생의 첫 만남이 중요합니다.

엄마는 임신 기간 동안

아이에게 동생이 생긴다는 것을 충분히 알리고 함께 기다린 뒤

출산을 위해 한동안 자리를 비웠다 돌아왔을 때,

아기는 아빠가 안고 엄마는 그동안 자신을 기다려준

큰 아이를 힘껏 안아주고 칭찬해줍니다.

엄마가 아기를 안고 있어

아이의 포옹이나 환영을 거부하게 될 경우,

지금껏 엄마를 기다려온 아이는

새로운 아이의 등장과

엄마의 거부에 당황하며 불안해하기 시작하죠.

또한 수유시나 아기를 돌볼 때 큰 아이가 아기를 돌보는 활동에

조금씩 참여하게 함으로써 새로 생긴 아기 때문에

소외받는다는 느낌이 들지 않도록 합니다.

동생과의 관계에 중요한 영향을 미치는 첫 만남!

새로 태어난 아기 때문에 큰 아이가 소외감을 느끼지 않도록 신경 써주세요.

아이가 느끼는 소외감이 동생에 대한 질투심으로 발전할 수 있답니다.

놀이를 통해 사회성 기르기

예전엔 뚝심 있게 리드하는 사람이 인정을 받았지만

오늘 날엔 사람들과 어울리며

의견을 조율할 줄 아는 사람이 환영을 받는데요.

아이의 사회성은 어떤 과정을 통해 발달하게 될까요?

아이는 생후 4개월부터 부모를 인식하고 사회적 관계를 형성할 수 있습니다.

내 아들이야!
노노
내 아들임!!

꼬집~
이노무
여편네가!
아옹다옹
해볼래?!

으아아앙!!

솔로몬에 나오는 아기가 4개월만 넘었어도 이야기가

이렇게 바뀌었을 수도 있었겠죠?

이처럼 아이가 가장 처음 알아보고 접하게 되는 사람이 부모인 만큼,

부모와의 관계는 아이가 앞으로 다른 사람들과

관계를 맺는 데 가장 중요한 발판이 됩니다.

[안정 애착]

[불안정 애착]

아이가 생후 1년 정도 되면 호기심이 많아지면서

타인에게도 관심을 갖기 시작하는데요.

그러나 이 시기에는 또래들과 같이 어울려 노는 법을

알지 못하기 때문에 함께 모여 있어도

각자의 놀이를 하거나 서로의 장난감을 뺏으려 하는 등

특별한 관계 형성은 보이지 않습니다.

이처럼 어린 아이는 또래와 어울리기보다

부모와 긴밀한 애착관계를 형성하는 것이 더 중요하기 때문에

아이가 3살이 되기 전까지는

어린이집을 보내거나 다른 사람에게 맡기기보다는

부모가 아이를 책임지고 애착관계를 형성하는 것이 좋습니다.

피치 못할 사정으로 아이를 맡기게 되더라도

아이와 함께 있는 시간에는 아이에게 전념하며

관계를 튼튼히 하는 것이 아이에게 안정감을 주며

이후 사회성을 기르는 데도 큰 도움이 되죠.

18개월이 지나면서 비로소 아이들은 또래 아이들과 조금씩

어울리며 관계를 형성하기 시작하는데요.

이때부터 아이들은 상징놀이가 가능합니다.

상징놀이를 통해 아이들은 상대방의 모습을 모방하고 규칙을 정하며

상대방과 교류, 협동하는 등

사회적 발달을 촉진시킬 수 있는데요.

부모는 아이의 이러한 상징놀이에

적극적으로 참여하고 발전시킴으로써

아이의 사회성 발달에 도움을 줄 수 있습니다.

[가족 놀이를 통해 엄마의 역할 생각해보기]

부모 또한 역할놀이를 통해

아이가 평소 관찰한 자신의 모습을 확인하는 기회를 가질 수 있죠.

단 지나친 적극성으로 놀이의 주도권을 뺏거나

과한 학습 욕심을 부릴 경우 오히려 역효과를 내게 됩니다.

불타는 교육열

따라서 놀이 시간만큼은 아이가 주인공이 될 수 있게 해주세요.

아이의 평생을 좌우하는 사회성!

애정 어린 관심과 재미있는 놀이를 통해,

아이에게 사람들과 어울리는 재미를 가르쳐주세요~!

부모의 애착관계,
아이에게 대물림된다

아이들의 애착유형은 부모가 자신의 부모와

어떤 애착관계를 가졌느냐에 큰 영향을 받습니다.

부모는 자신의 부모가 자신을 대했던 것처럼 자신의 아이를

다루기 쉽기 때문에 같은 애착유형이 반복되기 쉽죠.

따라서 자신의 애착유형을 아는 것은 아이와의 관계를 맺는 데

중요한 정보가 됩니다.

특히 자신이 불안정 애착에 해당된다면,

자신의 부모가 자신을 어떻게 대했는지,

그리고 현재 자신은 자신의 아이를 어떻게 돌보는지를

더 많이 생각하고 노력하는 것이 필요하죠.

그렇다면 이제 자신이 어떤 애착유형인지 알아볼까요?

다음 글을 읽고 자신이 어떤 유형에 속하는지 체크해보세요.

성인 애착유형 질문지(Hazan & Shaver, 1987)

1. 나는 다른 사람들과 쉽게 가까워지고, 그들에게 의지하거나 그들로 하여금 나에게 의지하도록 하는 데 편안함을 느낀다. ☐

2. 버림을 받거나 너무 가까워지는 데 대해서 별로 걱정하지 않는다. ☐

3. 나는 다른 사람들과 가까워지는 데 불편함을 느낀다. ☐

4. 남들을 완전히 신뢰하거나 그들에게 의지하는 데 어려움을 느낀다. ☐

5. 나는 누군가와 너무 가까워질 때 불안을 느끼며, 종종 나의 이성친구는 내가 편하다고 느끼는 것보다 더 가까워지기를 원하곤 한다. ☐

6. 나는 다른 사람들이 내가 바라는 것만큼 가까워지려고 하지 않는다고 생각한다. ☐

7. 나의 상대가 나를 진정으로 사랑하지 않거나 내 곁에 머무르지 않을까 봐 자주 걱정한다. ☐

8. 나는 다른 사람과 완전히 하나가 되고 싶고 이런 나의 욕구가 때때로 사람들을 질리게 만든다. ☐

이 질문지에서 (1), (2)는 안정 애착, (3), (4), (5)는 회피 애착,

(6), (7), (8)은 저항, 혼란 애착에 해당합니다.

자신의 애착유형을 확인해보셨나요?

그렇다면 이제 나의 부모가 나를 어떻게 대했는지,

어떤 점이 가장 나를 힘들게 했는지에 대해 생각해보고,

현재 나는 내 아이를 어떻게 대하고 있나 한번 생각해보세요.

혹시 자신이 겪었던 문제들을 아이에게도 반복하고 있는 것은 아닌가요?

부모의 끊임없는 노력과 관심으로 아이의 애착유형은 바뀔 수 있답니다.

세상을 긍정적으로 바라보는 아이로 키우고 싶다면?

밥보다 보송보송한 가짜 헝겊엄마를 선택했던 할로의 아기원숭이!

그렇다면 이 헝겊엄마 아래서 아기 원숭이는 탈 없이 잘 자랐을까요?

관찰 결과, 가짜 헝겊엄마 아래서 자란 아기 원숭이는,

성장 후엔 다른 원숭이들과 전혀 어울리지 못했습니다.

다른 원숭이와 상호작용하는 방법을 전혀 몰랐던 거죠.

또한 이 원숭이들은 아기 원숭이를 갖게 되더라도 전혀 돌보지 않고

무시하거나 심지어 죽이기까지 했습니다.

이처럼 애착은 성격과 사회성을 형성하는 데 중요한 역할을 합니다.

매리 애인스워스는 이러한 애착을 연구하기 위해

'낯선 상황(strange situation) 실험'이라는 유명한 실험을 실시했습니다.

이 실험을 통해 애인스워스는 부모와 아이 간의

애착유형과 질을 확인하고 분류할 수 있었죠.

실험은 다음과 같이 이루어졌는데요.

실험 진행자는 실험에 참가한 부모와 아이에게

놀이방을 소개하고 자리를 떠납니다.

그 놀이방에서 아이가 노는 동안

부모는 의자에 앉아 있었는데요.

잠시 후, 낯선 사람이 들어와

부모와 이야기를 합니다.

그 후, 부모는 방을 나가고 엄마가

사라진 것을 눈치 챈 아이가

불안해하기 시작하면 낯선 사람이

위로를 해줍니다.

잠시 후, 다시 부모가 방으로 돌아오고

낯선 이와 혼자 있었던 아이를 위로해주는데요.

애인스워스는 이 실험을 통해 애착유형을

크게 두 가지로 나누었습니다.

그 중 하나는 '안정 애착'이고, 다른 하나는 '불안정 애착'인데요.

'안정 애착'은 부모와 아이 간 안정적인 결속으로,

실험에서 이 유형의 아이들은 어머니와 함께 있는 동안

적극적으로 방을 탐색하고 놀았으며,

분리되었을 때 눈에 띄게 혼란스러워합니다.

하지만, 부모가 다시 돌아왔을 때 부모를 따뜻하게 맞이하고,

손을 잡거나 안기는 등 신체적 접촉을 하려고 하죠.

또한 어머니가 있을 때에는 낯선 사람들과도 잘 지내는 편입니다.

[안정 애착]

'불안정 애착'은 부모와 아이 간의 불안정적인 결속으로,

'저항 애착(resistant attachment)', '회피 애착(avoidant attachment)',

'혼란 애착(disorganized attachment)'이라는

세 가지 유형으로 다시 나뉘는데요.

'저항 애착' 유형의 아이들은 놀이방에서 어머니와 가까이 있으려고만 하고

탐색이나 놀이는 하지 않습니다.

이 유형의 아이들은 어머니가 떠나면 매우 스트레스를 받지만,

어머니가 다시 돌아왔을 때 양가적인 감정을 갖는데요.

이 유형의 아이들은 어머니 곁에 다가가긴 하지만,

자신을 낯선 이에게 남겨둔 것에 대해 화가 난 것처럼 행동하며,

어머니가 시도하는 신체적 접촉에 대해 저항할 가능성이 높습니다.

또한 어머니가 있을 때에도 낯선 사람을 매우 경계하는 편이죠.

[저항 애착]

'회피 애착' 유형의 아이들은 어머니가 방을 떠났을 때

다른 유형의 아이들보다 스트레스를 덜 받고,

부모가 주의를 끌려고 할 때조차도 대개 돌아서서 부모를 무시합니다.

이 유형의 아이들은 낯선 사람들에 대해 다소 사교적인 편이지만,

때론 부모를 회피하고 무시하는 것처럼, 낯선 사람을 대하기도 합니다.

'혼란 애착' 유형의 아이들은 낯선 상황에서

가장 큰 스트레스를 받고 가장 불안해하는데요.

이 유형의 아이들은 부모가 다시 방으로 돌아왔을 때

멍하고 얼어붙은 듯 행동하며,

부모가 접촉을 시도하면 부모에게로 움직이다가 갑자기 멀리 피합니다.

마치 부모에게 접근해야 할지, 피해야 할지 갈등하는 것처럼 행동하죠.

이처럼 어렸을 때 형성된 애착유형은

아이의 성격에 큰 영향을 미치는데요.

부모와 안정적인 애착을 맺은 아이는 자신과 타인에 대해

긍정적으로 생각하여, 다른 사람과의 친밀한 관계를 즐길 줄 알고

혼자 있을 때에도 편안함과 안정감을 느낍니다.

그러나 저항형의 경우 자신은 부정적으로, 타인은 긍정적으로 생각하여

대인관계에 집착하고 남에게 지나치게 의존합니다.

또한 혼자 있을 때 긴장과 불안, 분노를 느끼죠.

회피형의 경우 자신은 긍정적으로 생각하지만 타인은 부정적으로 생각하여

친밀한 관계를 부담스러워하고 자기 감정을 잘 드러내지 않습니다.

이들은 혼자 있을 때 비로소 편안함과 안정감을 느낍니다.

혼란형의 경우 자신에게도 타인에게도 부정적인 생각을 가지고 있어,

자신을 못마땅하게 여기고 타인을 무서워합니다.

따라서 이들은 누군가와 친밀한 관계가 되는 것을 두려워하죠.

[혼란 애착]

그렇다면 어떻게 해야 아이와 안정 애착을 형성할 수 있을까요?

아이와 안정적인 애착을 형성하는 부모는 아이가 보내는 신호에

민감하게 반응하고, 적절한 대응을 취하는데요.

또한 부모는 자신의 감정에 휩쓸리지 않고

일관적으로 아이를 대하려고 노력하죠.

또한 아이를 무시하고 강압적으로 명령하기보다는

이전에 서로 약속한 규칙을 중심으로 행동합니다.

[X]   [O]

이러한 과정을 통하여 아이는 자신과 타인에 대한

긍정적인 이미지와 신뢰감을 형성하고, 고난이나 갈등이 있을 때에도

조절하고 이겨낼 수 있는 힘을 갖게 되죠.

아이가 세상에 태어나 처음 갖게 되는 중요한 관계, 애착!

아이가 긍정적으로 자신과 세상을 바라보는 눈을 가질 수 있도록

노력이 필요합니다.

엄마는 내게

처음으로 세상을 보여주는 사람이에요~!

나의 애착유형 찾기(부모 편)

1. 안정 애착(안심형) : 자기 긍정-타인 긍정

나는 비교적 쉽게 다른 사람들과 정서적으로 가까워지는 편이다. ☐

내가 남들에게 의지하든 남들이 나에게 의지하든 간에 나는 편안하게 느낀다. ☐

나는 혼자서 지내거나 남들이 나를 받아들이지 않는다고 해서 걱정하지는 않는다. ☐

2. 불안정 애착(회피, 거부회피형) : 자기 긍정-타인 부정

나는 가까운 정서적 관계를 맺지 않고 지내는 게 편안하다. ☐

독립심과 자기 충족감을 느끼는 것이 나에게는 매우 중요하다. ☐

나는 남들에게 의지하거나 남들이 나에게 의지하는 것을 좋아하지 않는다. ☐

3. 불안정 애착(저항, 양가형) : 자기부정-타인부정

나는 남들과 정서적으로 완전히 친밀해지기를 원하지만, 남들은 내가 원하는 만큼 가까워지기를 꺼려하는 것 같다. ☐

나는 누군가와 친밀한 관계를 맺어야 안심이 된다. ☐

나는 때때로 내가 남들을 소중하게 생각하는 만큼 남들이 나를 소중하게 생각하지 않을까 봐 염려스럽다. ☐

4. 불안정 애착(혼란, 공포회피형) : 자기부정-타인부정

나는 남들과 가까워지면 왠지 편안하지가 않다. ☐

나는 정서적으로 가까운 관계를 원하기는 하지만, 남들을 완전히 신뢰하거나 남들에게 전적으로 의지하기가 어렵다. ☐

나는 남들과 가까워지면 내가 상처를 받을까 봐 걱정된다. ☐

여러분은 어느 유형에 해당하나요?

이러한 부모의 애착유형은

자녀에게도 그대로 이어질 가능성이 높습니다.

그러나 자신에 대한 성찰과 노력에 따라

충분히 안전형으로 변화할 수 있습니다.

오늘 한 번, 자신이 부모님의 어떤 말에 상처받았고,

어떤 행동에 마음이 아팠는지를 곰곰히 떠올려 보세요.

아이의 입장에서 아이를 이해하는 데 큰 도움이 될 거예요.

부모도 아이와 함께 성장한다

정서코칭에서도

애착에서도

얻을 수 있는 결론은 무엇일까요?

중요한 것은 정서코칭을 제대로 해주지 못한 부모도,

아이와 불안정 애착을 형성하게 된 부모도

아이를 위해 자신이 아는 최선의 방법을 사용했다는 것입니다.

다만 이러한 방법이 의도와는 달리 아이에게

좋지 못한 영향을 미치게 된 것이죠.

또한 부모가 생각하는 사랑의 표현방식과 아이가 생각하는

사랑의 표현방식이 달라 갈등을 겪기도 하는데요.

난 돈 많이
벌어서
우리 아이가
부족함 없이
살게 해줄 거야!

피아노
배워볼래?
아니면 우리
영어공부 할까?

미안!
갑자기 일이
생겨서
식탁에 돈 있으니까
맛있는 거 먹고 학원
다녀와~!

엄마 또
어디 가?

학원도 안가고
요즘 왜 그래?!
엄마가
다 해줬잖아!

!!!
엄마가 나한테
학원 말고
관심이나 있어?!

그렇게
생각하고
있었구나…
난 너한테
좋은 일인 줄 알고…

하지만 그 순간 겉으로는
보통 이런 반응……
그리고 파국의 시작…

이제 애에
남편에…
계속 얽매여
살아야 하나?

내 인생은
어디 있나…

급 우울증 ing

그래도 그때
그러는 게
아니었는데…

그땐 내가 너무
힘들기도 했고
경솔했어…
이제라도…!

학교생활은
어떠니?

갑자기 웬
관심 있는 척?

신경 쓰는 척
하지마!

…

이처럼 부모는 자신의 의도와는 다르게,

혹은 한순간의 잘못으로 아이에게 상처를 주기도 합니다.

하지만 중요한 것은 부모의 의도는 아이가 생각한 것과

다를 수 있으며, 부모도 실수나 잘못을 하기도 하고

아이와 함께 성장하는 존재라는 것입니다.

부모도 아이도 함께 쑥쑥~

과거의 부모님보다 현재의 부모님을,

그리고 부모님의 행동보다 부모님의 의도를 생각해보세요.

그리고 과거에 얽매이기보다 그것을 발판 삼아

바뀔 수 있도록 노력해보세요.

과거에 얽매이는 것과 해결해 나가는 것.

모두 여러분의 마음에 달렸습니다.

산만한 우리 아이도 혹 ADHD?

처음엔 그냥 다른 아이들보다 좀 더 활달한 아이라고만 생각했어요.

가만히 앉아 있질 못하고

항상 엉망이고

글씨가 날아가도

이 나이 때 애들은 다 그런 줄 알았죠.

그런데...

아무리 혼내고 어르고 달래 봐도 변하는 게 없어요!

너무 산만한 우리 아이! 이대로 괜찮을까요?

또래에 비해 산만하고 부주의한 행동을 보이며,

자신의 행동을 잘 통제하지 못하고 충동적으로 과잉행동을 나타내는 경우,

단순히 성격 문제가 아닌 '주의력 결핍 및 과잉행동장애

(ADHD: Attention Deficit/Hyperactivity Disorder)'일

가능성이 있습니다.

ADHD는 '부주의형'과 '과잉행동-충동성형' 그리고 두 가지 증상이 함께

나타나는 '혼합형'의 세 가지 유형으로 분류할 수 있는데요.

각 유형별 구체적인 행동 특징은 다음과 같습니다.

(1) 세부적인 면에 대해 면밀한 주의를 기울이지 못하고 학업,

작업 또는 다른 활동에서 부주의한 실수를 저지른다.

(2) 일을 하거나 놀이를 할 때 지속적으로 주의를 집중할 수 없다.

(3) 다른 사람이 말을 할 때 경청하지 않는다.

(4) 과업과 활동을 체계화하지 못한다.

(5) 활동이나 숙제에 필요한 물건들을 잃어버린다.

이 외에도

(6) 지시를 완수하지 못하고 학업, 잡일 등에서 임무를 수행하지 못한다.
(반항이나 지시를 이해 못해서가 아님)
(7) 학업이나 숙제 같은 정신적 노력을 지속적으로 요구하는 일에 참여하기를 꺼린다.
(8) 외부 자극에 의해 쉽게 산만해진다.
(9) 일상적인 활동을 잘 잊어버린다.

위의 증상 중 6가지 이상이 6개월 이상 지속되면 문제가 될 수 있습니다.

(1) 손발을 가만히 두지 못하거나 의자에 앉아서도 몸을 움지락거린다.

(2) 부적절한 상황에서 지나치게 뛰어다니거나 기어오른다.

(3) 조용히 여가 활동에 참여하거나 놀지 못한다.

과잉행동-충동성 역시 6개 이상의 증상이 6개월 이상 지속되고 나이에 맞지 않게 나타나는 경우 문제가 될 수 있습니다.

혼합형

(1) 질문이 채 끝나기 전에 성급하게 대답한다.

(2) 차례를 기다리지 못한다.

(3) 다른 사람의 활동을 방해하고 간섭한다.

모든 유형의 증상들이 7세 이전부터 학교, 학원, 가정 등

두 가지 이상의 상황에서 나타나며 사회적, 학업적, 직업적 기능에

지속적으로 어려움을 겪는 경우 ADHD 진단을 받을 가능성이 커지죠.

ADHD 진단을 받은 아동은 지능에 비해 학업성취도가 저조하고, 또래

친구들에게 거부당하거나 소외될 가능성이 높습니다. 또한 부주의와

산만함으로 인해 부정적 피드백을 많이 받아 공격적이고 반항적인

청소년으로 자라날 가능성도 있죠.

[실제 ADHD 진단을 받은 아동의 40~50%가 품행 장애를 동반]

이러한 ADHD의 원인은 현재까지 정확히 밝혀지진 않았지만 주로 선천적인

신경학적 문제에 기인한다고 보는데요.

따라서 아이의 의지나 부모의 훈육만으로는 고치기 어렵습니다.

그러므로 ADHD 치료에는 심리치료와 함께 약물치료가 병행되죠.

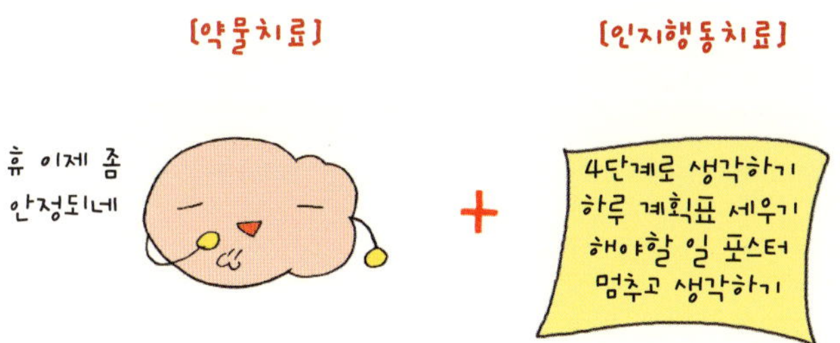

또한 ADHD 아동의 치료에는 부모의 역할이 매우 중요하므로

부모에게 ADHD에 대한 치료기법을 교육시키는 부모 교육을 통해

보다 좋은 효과를 거둘 수 있습니다.

부모와 아이의 의지 문제가 아닌 도움이 필요한 ADHD.

올바른 이해와 지속적인 관심만이 아이를 도울 수 있습니다.

ADHD(Attention Deficit/Hyperactivity Disorder)

'주의력결핍 및 과잉행동장애'로도 불리며, 주로 아동기에 나타나는 증상으로 산만하고

주의력이 부족하며 자신의 행동을 잘 통제하지 못하는 상태를 말한다. ADHD는 아이의

의지로 치료하기 어려우므로 반드시 약물치료와 심리치료가 병행되어야 한다.

단체 과제를 할 때는 반드시 일을 분담하라

경쟁심 효과처럼 다른 사람의 존재가 개인의 수행을 향상시키기도 하지만

[트리플렛의 사이클 실험]

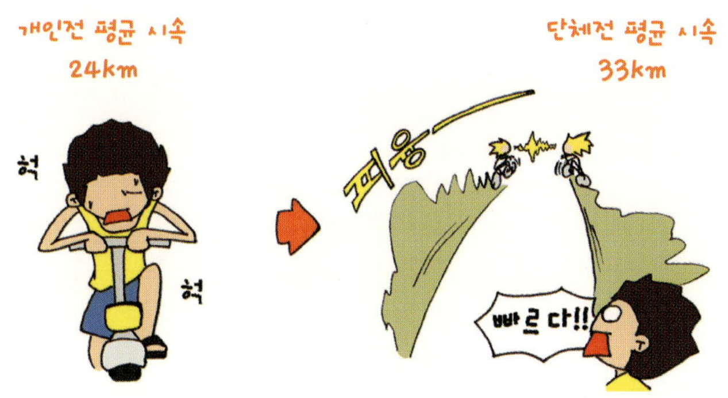

[트리플렛의 낚싯줄 실험]

때론 다른 사람의 존재가 오히려

부정적인 영향을 끼치기도 하는데요.

특히 과제가 익숙하지 않고 어렵거나,

다른 사람에게 평가된다는 것을 의식하여

지나치게 긴장했을 때 이런 부정적인 효과가 나타나기 쉽습니다.

나아가 이러한 상황 외에도

소위 '묻어가기', '무임승차'라고도 불리는

'사회적 태만' 현상이 나타날 수 있는데요.

사회적 태만이란 혼자일 때보다 단체일 때 더 게을러지는 현상을 뜻합니다.

이러한 사회적 태만 효과는 주위에서도 흔히 볼 수 있을 뿐만 아니라

다양한 실험에서도 확인되었죠.

1929년 독일 링글만의 실험

[줄다리기]

1명일 때 - 개인 기여도
100%

8명일 때 - 개인 기여도
49%

1979년 라타네, 윌리엄스, 하컨스의 실험

[최대한 크게 고함치며 박수치기]

1명일 때 - 개인 기여도 100%

6명일 때 - 개인 기여도 40%

사회적 태만은 개인일 때 내던 힘을

절반 가까이 줄어들게 할 정도로 엄청난 능률 저하를 가져오는데요.

사회적 태만이 나타나는 이유는 바로 '조화의 상실'과

'의무감 저하'에 있습니다. 조화의 상실이란 개인의 역량이 동일한 순간에

집중되지 않는 것을 뜻하고, 의무감 저하는 개인의 기여도가

분명치 않기 때문에 다른 사람에게 일을 떠맡기려는 습성을 뜻하죠.

이러한 사회적 태만은 집단 전체의 힘을 약화시킬 뿐만 아니라

열심히 참여하던 다른 구성원들까지도 의욕을 잃고 태만하게 만들어

결국 집단을 완전히 무너뜨리기도 하죠.

사회적 태만을 없애기 위해선, 각 개인에게 일을 명확하게 부여하고
집단 내에서도 개별적인 성과를 기록하여 누가 무엇을 얼마나 했는지
명확히 드러나게 하는 것이 좋습니다.

[Good]

[Bad]

어려운 과제는 혼자 먼저 연습하게 해서 익숙해지도록,

평가의 부담은 되도록 너무 무겁지 않게,

사회적 태만이 일어날 때는 각자의 일과 성과를 명확하게 하도록 하기!

이 세 가지만 기억한다면

단체생활에서 아이의 실력이 빛을 잃는 경우는 없을 거예요.

목표 달성에 실패한 아이의 스트레스를 다스리는 법

부모가 아이와 함께 '젠가'라는

나무 쌓기 게임을 하고 있습니다.

이 게임에서 아이는 한 손만 사용할 수 있으며,

부모는 아이를 직접 도울 수는 없지만 조언을 해줄 수는 있습니다.

제한된 시간 내에 아이 혼자 힘으로 아래층의 나무토막을 꺼내

위로 새롭게 11단을 더 쌓아올리면 상품이 주어지죠.

부모와 아이는 이 게임에 열심히 참여했지만,

결국 실패하고 마는데요.

상품이 갖고 싶었던 아이는

매우 침울해졌습니다.

만약 당신이 아이의 부모라면

침울해진 아이에게 어떤 말을 할 것인가요?

위 실험은 바로 워싱턴주립대학교의 심리학 교수 존 가트맨 박사가 창시한

정서코칭(emotion coaching)와 관련하여 이루어진 실험인데요.

이 실험을 통해 목표 달성에 실패한 아이의 스트레스 수준이

부모의 대처 방법에 따라 어떻게 변하는가를 관찰할 수 있었습니다.

부모의 대처 방법은 네 종류로 나눌 수 있는데요.

1. 축소전환형(Dismissing)

축소전환형의 경우 부모는 스트레스 사건이 별 일 아닌 것처럼 축소하고,

아이의 기분을 바꾸기 위해 다른 이야기로 화제를 돌렸습니다.

그러나 아이는 감정을 표현할 기회를 갖지 못해

여전히 실패 상황을 생각했고, 스트레스 지수는 좀처럼 낮아지지 않았죠.

2. 억압형(Disapproving)

억압형의 부모는 이성적으로 실패 상황을 분석해주고 충고를 하며

아이를 다그쳤습니다. 이 경우 감정을 조절하긴커녕 표현할 기회조차 갖지

못하고, 오히려 꾸중만 들은 아이의 스트레스 지수는 급격히 상승했죠.

3. 방임형(Laissez-faire)

방임형의 경우 부모는 아이가 감정을 표현하도록

격려하고 공감해주긴 했지만, 그 감정을

어떻게 처리해야 하는지에 대해서는 언급하지 않았습니다.

이 경우, 아이의 스트레스는 축소전환형, 억압형에 비해 낮았지만,

불쑥불쑥 높은 상승세를 보였죠.

이처럼 무시당하고 억압된 아이의 부정적인 감정은 사라지는 것이 아니라

아이의 마음에 여전히 남아 있는데요.

특히 축소전환형이나 억압형의 부모는 아이가 갖는 감정 자체를

무시하거나, 잘못된 것이라는 메시지를 전달하기 때문에

아이는 자신감을 갖지 못하게 됩니다.

방임형의 경우 부모가 아이의 감정을 이해하고

공감을 해준다는 면에서 다른 유형보다는 낫지만, 그러한 감정을 어떻게

처리해야 하는지 알지 못하기 때문에

아이는 계속 슬퍼하는 것 이외에는 다른 대안을 찾지 못합니다.

그렇다면 가장 현명한 대처 방법은 과연 무엇일까요?

4. 정서코칭형(Emotion Coaching)

정서코칭형은 처음엔 방임형처럼 아이의 감정을 읽어주고 공감해줍니다.

그러나 방임형과 달리 이해에서 그치지 않고 아이 스스로가

효과적으로 감정을 해소하는 방법을 찾을 수 있도록 이끌어주는데요.

이 경우 아이의 스트레스가 줄어들 뿐만 아니라

감정을 다루는 방법을 배우고, 부모와도 보다 좋은 관계를 형성하게 되죠.

존 가트맨 박사에 따르면,

이러한 정서코칭형 부모에게서 자란 아이는

자기조절능력이 우수하기 때문에 학습이나 사회성에서도

좋은 결과를 보입니다.

아이들은 아직 자신의 감정이 어떤지 정확히 인식하거나

말로 표현하는 기술이 서툰데요.

[화날 때도] [슬플 때도] [더울 때도]

이처럼 아이들에게 낯설고 당황스러운 감정들을

부모가 자연스러운 것이라고 공감해주고,

그러한 감정이 들 때 대처하는 방법을 가르쳐주면,

아이는 안정을 되찾을 것이며, 이후에 또다시

그러한 감정이 들 때에도

보다 현명하게 대처할 수 있게 되죠.

1. 아이의 감정 들어주기와 공감하기

이때 아이의 이야기를 충분히 듣고, 아이의 입장에서

아이가 어떤 감정을 가지고 있을까를 인식하고

말로 표현할 수 있도록 돕는 것이 중요합니다.

2. 아이의 정서를 풀어주기

나아가 문제를 이성적으로 생각하고 해결책을 찾기 전,

아이가 감정을 정리하고 안정을 찾을 수 있도록

우선 아이의 기분을 달래주는 과정이 필요합니다.

3. 문제를 해결할 수 있도록 이끌어주기

이때 부모는 자신이 먼저 문제해결 방법을 제시하기보다

최대한 아이의 이야기를 듣고 아이가 선택할 수 있도록 격려해야 합니다.

만약 아이가 제대로 결정하거나 선택하지 못할 때는

작은 힌트를 줄 수도 있지만, 가장 중요한 것은 아이를 중심으로

함께 고민하며 해결 방법을 찾는거죠.

물론 이러한 정서코칭 기술은 계산적으로 적용하기보다

진심으로 아이의 말을 듣고 감정을 이해하려 노력할 때,

최고의 효과를 낼 수 있습니다.

시무룩한 아이에게 진심으로 도움이 되고 싶나요?

그렇다면 아이의 감정부터 살펴주세요.

아무리 좋은 충고와 조언도 아이의 마음에 대한 이해, 그 다음입니다.

무한한 자유보다 적당한 통제가 바른 아이를 만든다

어린 아이에게는 무한한 사랑과 관심이 무엇보다 중요하지만

아이가 커갈수록 어느 정도의 통제가 반드시 필요한데요.

Maccoby & Martin

맥코비와 마틴(1993)은 본격적인 사회화가 시작되는

2~3세부터 청소년기에 이르기까지, 부모의 수용/반응성과 요구/통제가

양육의 가장 중요한 두 가지 측면이라고 주장했습니다.

이 중 수용/반응성이란 부모가 아이의 요구에

얼마나 민감하고 협조적인가를 뜻하는데요.

수용적이고 반응적인 부모는 아이가 바람직한 행동을 했을 때
애정을 주고 칭찬하며, 잘못이나 실수를 하더라도
비판한 뒤엔 미소 짓고 격려해줍니다.

반면 수용/반응성이 낮은 부모는 아이의 요구에 둔감하고
애정표현을 거의 하지 않으며, 자주 아이를 비판하고 무시, 처벌합니다.

양육의 중요한 요소 중 두 번째인 요구/통제는 부모가 아이의 행동을
얼마나 엄격하게 제한하는가를 뜻합니다. 요구/통제가 높은 부모는 아이에게
순종을 기대하며 아이가 규칙을 제대로 지키는지 엄격하게 관찰하죠.

반면 요구/통제가 낮은 부모는

아이들이 흥미를 추구하고 활동을 결정하는 데

제한이 적고 상당한 자유를 허용합니다.

이러한 두 가지 요소는 상호간의 조합을 통해

네 가지 양육방식으로 나뉠 수 있는데요.

각각의 양육방식에 따른 특징과 영향에 대해 알아볼까요?

1. 독재적 양육방식

독재적 양육방식의 부모는 일방적으로 엄격한 규칙을 세우고

강압적인 처벌을 통해 아이의 행동을 제한합니다.

이러한 양육방식을 통해 자란 아이는 침울하고 목표가 없으며

쉽게 타인에게 적대적이고 불친절하게 되죠.

2. 권위적 양육방식

권위적 양육방식의 부모는 규칙을 세울 때

아이의 의견을 수용하여 합리적으로 타협합니다.

또한 행동을 제한하거나 규칙을 설명할 때도

논리적으로 이유를 설명해주죠.

이러한 양육방식을 통해 자란 아이는

자신감과 책임감이 높고,

친구들과 협력하고 어울리기를 좋아합니다.

3. 허용적 양육방식

허용적 양육방식의 부모는

아이의 행동을 거의 통제하지 않고

아이의 충동과 요구를 대부분 수용해주는데요.

이러한 양육방식을 통해 자란 아이는

공격적이고 충동적이며, 상대방과 타협을 하지 못하는

자기중심적인 모습을 보입니다.

4. 방임적 양육방식

방임적 양육방식은 가장 부적절한 양육방식으로

부모는 자신의 스트레스에 압도되어

아이를 거부하거나 소홀하게 대합니다.

이러한 양육방식을 통해 자란 아이들은

3세 때부터 이미 짜증이나 공격성이 높고,

성장할수록 열악한 학업 수행과

품행 장애 혹은 비행적인 행동을 저지르기 쉽습니다.

이처럼 아이가 성장해감에 따라

아이의 행동에 자유와 통제를

균형 있게 유지하는 것이 중요합니다.

물론 지속적이고 세심한 관심은 기본이죠.

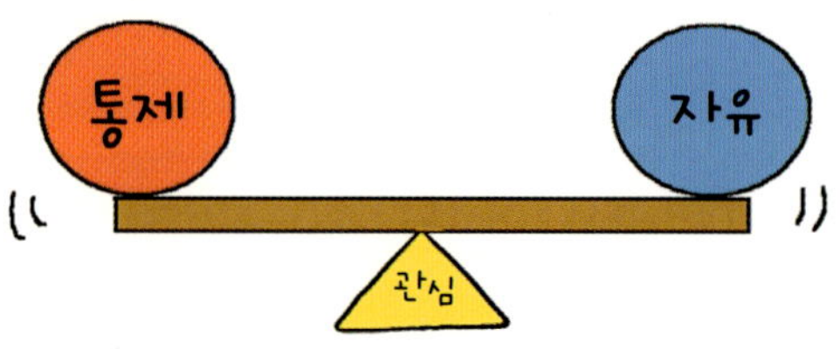

지나친 제한은 아이를 주눅 들게 만들고,

제한 없는 자유 역시 아이가 스스로 목표를 달성하거나

다른 사람들과 함께 어울리기 어렵게 만듭니다.

따라서 부모는 아이의 의견과 자율성을 존중해주는 동시에

아이가 다른 사람과의 약속, 그리고

자신과의 약속을 잘 지킬 수 있도록

어느 정도 한계선을 그어주는 것이 필요합니다.

일방적이고 명령조의 규칙보다 대화를 통한 합리적인 규칙을!

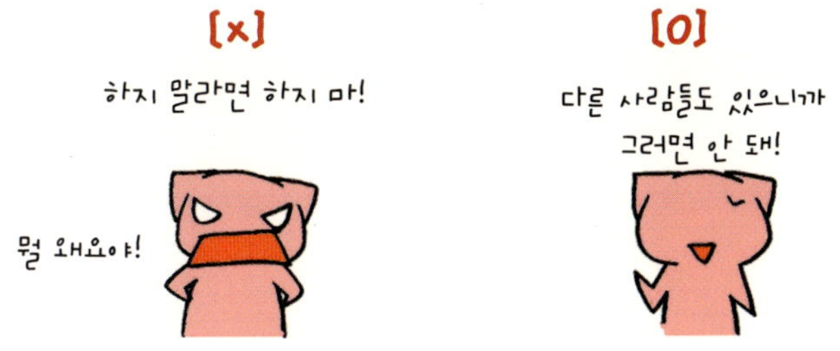

아이가 스스로를 조절하고 다른 사람들과 잘 어울릴 수 있도록

작은 규칙이나 약속을 지키는 법부터 가르쳐주세요.

무한한 자유를 주기보다, 규칙을 지키고

어느 정도 행동을 통제해주는 것이

아이에겐 훨씬 큰 도움이 됩니다.

물론 이런 교육은 관심과 사랑을 바탕으로 해야 된다는 것! 잊지 마세요~!